果树栽培实用技术与病虫防治探究

李鸿筠　李家鹏　冯社芳◎著

U0335796

吉林科学技术出版社

图书在版编目（CIP）数据

果树栽培实用技术与病虫防治探究 / 李鸿筠，李家
鹏，冯社芳著. -- 长春：吉林科学技术出版社，2023.6
ISBN 978-7-5744-0634-6

Ⅰ．①果… Ⅱ．①李… ②李… ③冯… Ⅲ．①果树园
艺－研究②果树－病虫害防治－研究 Ⅳ．①S66
②S436.6

中国国家版本馆 CIP 数据核字(2023)第 136435 号

果树栽培实用技术与病虫防治探究

著	李鸿筠 李家鹏 冯社芳
出 版 人	宛 霞
责任编辑	穆 楠
封面设计	金熙腾达
制 版	金熙腾达
幅面尺寸	185mm×260mm
开 本	16
字 数	300 千字
印 张	13.25
印 数	1–1500 册
版 次	2023年6月第1版
印 次	2024年2月第1次印刷

出 版	吉林科学技术出版社
发 行	吉林科学技术出版社
地 址	长春市福祉大路5788号
邮 编	130118
发行部电话/传真	0431-81629529 81629530 81629531
	81629532 81629533 81629534
储运部电话	0431-86059116
编辑部电话	0431-81629518
印 刷	三河市嵩川印刷有限公司

书 号	ISBN 978-7-5744-0634-6
定 价	80.00元

··· 前　言

　　果树作为兼具生态与经济效益的重要作物，在加快转变农业发展方式，推进农业供给侧结构性改革，促进农民增收、农业增效和农村发展过程中具有重要作用。其产品是人类食物的重要组成部分。随着社会的发展、人类物质文化生活水平的不断提高，多吃水果有利于健康已成为人们的共识，人们对果品的需求不断增长，品质好、质量高的时令水果备受欢迎。

　　在我国农业现代化发展的背景下，果树种植呈现出结构多样化的发展特点，不仅能有效提高农业生产水平，也能保障农民的收益。随着生活水平的不断提高，人们对食品安全提出了更高的要求。在果树种植过程中，很容易受到病虫害侵袭，造成品质下降，因此很多果农使用大量农药化肥等提高果树产量，这种行为会严重损害果树的正常生长，不符合绿色环保要求。这就要求种植者要深入学习果树栽培管理技术，采取科学高效的措施，提高果农种植的积极性，增强果树种植收益，为我国种植业的持续发展提供重要保障。还需深入分析果树栽培管理技术，明确果树幼苗的筛选及适宜的生长条件，定期修剪枝叶，提高水肥管理水平，采取生态农业绿色病虫害防治措施，提高果实品质。

　　本书主要研究果树栽培实用技术与病虫防治，从果树栽培基础介绍入手，针对果树栽培常规技术、果树栽培新技术进行了分析研究；另外，对果树病虫害预防与治疗做了一定的介绍，还对常见果树病虫害防治技术进行了简单介绍，以期减少果树病虫害造成的损失；最后对柑橘栽培技术与病虫害防治进行了分析研究。本书的出版，一方面使读者掌握果树栽培实用技术；另一方面旨在通过病虫害防治知识的学习，使果农掌握有关知识，服务于果树生产，减少危害，增加产量，提高质量，促进果树产业健康可持续发展。该书内容丰富，集科学性、实用性和可操作性于一体，是广大农业技术推广人员必备的工具书，还可供大专院校果树专业师生及柑橘专业科学研究人员参考。

　　由于作者水平有限，书中不妥和错误之处，敬请读者批评指正。

··· 目 录

第一章　果树栽培的基础

第一节　果树栽培的生物学基础

一、果树的年生长周期和生命周期

（一）果树的年生长周期

果树的年生长周期是指每年随着气候变化，果树生长发育表现出来的一系列有规律的形态变化。落叶果树的年生长周期分为生长期和休眠期，常绿果树的年生长周期没有明显的休眠期。

生长期为果树各部分器官表现出显著的形态和生理功能动态变化的时期。落叶果树春季开始一个新的生长期，枝条萌芽，抽生新梢，展开叶片，开花坐果。夏季进入旺盛生长期，各个新生器官继续生长发育，枝叶茂盛，果实逐渐由小变大。秋季果树发育成熟，新梢停止生长，枝条逐渐充实，新芽变得越来越饱满，叶片开始衰老，最后脱落，生长期慢慢结束，进入休眠期。落叶果树生长的物候期一般分为萌芽期、开花期、新梢生长期、花芽分化期、果实发育期、落叶期。

生长在热带和亚热带地区的常绿果树，开花、新梢生长、花芽分化、果实发育可同时进行，老叶的脱落又多发生在新叶展开之后，在一年内能够多次萌发新梢，分化形成花芽，开花结果，其物候期较为复杂。

休眠期为果树的芽或其他器官生命活动微弱，生长发育表现停滞的时期。休眠是果树对季节性温度冷暖变化或水分干湿变化的一种适应。处于休眠状态的果树对低温和干旱的忍耐能力增强，有利于果树度过寒冷的冬季或缺水的旱季。

一般果树休眠可分为自然休眠和被迫休眠两种。

自然休眠也叫内休眠，是指由果树内在因子确定的一种生长发育停滞，即使外部的环境条件适宜生长，芽仍然不萌动生长。果树需要在一定的环境条件下，自身逐步发生变化解除休眠后，才能正常萌芽生长。解除自然休眠需要果树在一定的低温条件下度过一段时间，这段时间称为需冷量，通常为果树在≤72℃低温下需要度过的累积小时数。

被迫休眠也叫外休眠，是指需冷量已经满足，但是由外部环境如温度较低等条件导致的休眠。打破芽的被迫休眠只需要改变环境条件即可，例如，把已经打破自然休眠的桃树移入温室栽培，可以使其提前开花结果。

（二）果树的生命周期

果树生命周期是指果树从生到死的生长发育全部过程。果树生命周期包含许多个年生长周期，这是多年生果树不同于一二年生农作物的一个显著特征。有性繁殖果树和无性繁殖果树的生命周期有本质差异。

有性繁殖的果树的生命周期可分为童期（幼年期）、成年期和衰老期。

童期是指从种子播种后萌发开始，到实生苗具有分化花芽潜力和开花结实能力为止需要经历的时期。对于处于童期的果树，无论采取何种措施也不能使其开花结果，但是可以采用一些方法来缩短童期，促使实生树提前开花结果。

成年期是指从果树具有稳定持续开花结果能力时起，到开始出现衰老特征时结束。通常根据果树结果状况，把成年期再细分为结果初期、结果盛期和结果后期三个时期。果树的成年期长短因树种和品种而异，主要由遗传物质控制，但树体营养状况、结果数量、自然环境条件和栽培技术措施也影响果树成年期的生长发育。

衰老期是指从树势明显衰退开始到果树最终死亡。果树衰老受遗传因子控制，不同树种的实生树寿命长短不一。环境条件也影响果树的寿命。延长果树寿命的栽培措施；加强果园土肥水管理，促使树体健壮生长；重剪迫使基部的潜伏芽萌发，长出新枝；调节果树营养生长和生殖生长的关系，控制花芽数量，促进新梢生长。

无性繁殖的果树生命周期可分为营养生长期、结果期和衰老期。无性繁殖果树是利用果树营养器官的再生能力培育的植株。因为从母株上采集的繁殖材料已经具有开花结果的能力，所以无性繁殖的果树生长发育不需要度过童期，不过，无性繁殖的果树前期营养生长旺盛，不开花结果或者开花结果很少，需要经历一段时间的营养生长才能正常开花结果。

二、果树生长发育特性

果树树体由地上和地下两部分组成。地上部分主要包括主干、主枝、侧枝、中央领导枝、延长枝、营养枝和结果枝，以及芽、叶、花、果等；地下部分为根系，包括主根、侧根、须根等。地上与地下交界处为根茎。

了解果树各器官的特征特性，掌握果树生长发育规律对指导果树生产有重要意义。

（一）根系

根系是果树的重要营养器官，俗话说"根深叶茂结果牢靠"。根系的主要功能是：固定树体作用；吸收作用，吸收水分、矿质养分和少量的有机质；运输作用，将水、无机盐、有机养分和其他生理活性物质输导致其他部位，以供树体利用；贮藏作用，将营养贮藏在树体中，以备再次利用；合成作用，如将无机氮转化为氨基酸和蛋白质，以及合成生长素和细胞分裂素等生理活性物质。

1. 根系类型及结构

（1）根系类型

果树根系因发生和来源不同，可分为实生根系、茎源根系和根蘖根系三种类型。

①实生根系

从种子胚根发育而来的根系称为实生根系。特点：主根发达，根系较深，生理年龄较轻，生命力强，对外界环境有较强的适应能力，但个体间差异大。

②茎源根系

用扦插、压条等方法繁殖所形成的果树根系称为茎源根系。其根系来源于母体茎上的不定根。特点：主根不发达，根系分布较浅，生理年龄较老，生命力相对弱，因来源于同一品种或母体，其个体间差异较小。

③根蘖根系

有些果树在根上能够形成不定芽，其萌发长成根蘖苗，与母体切离形成单独的个体，这类果树的根系称为根蘖根系。特点：与茎源根系相似。

（2）根系结构与分布

①根系结构

果树的根系是由主根、侧根和须根组成。主根：由种子胚根发育而成。侧根：在主根上分生出来的各级粗大的分枝称为侧根。须根：在主根和各级侧根上发生的许多细小的根称为须根。主根和各级粗大的侧根，构成根系骨架，统称为骨干根。

②根系分布

依据根系在土层中的分布状态，通常区分为水平根和垂直根两类。水平根是指沿土壤表层呈大体平行方向生长的根。水平根在土壤中是层列的，水平根群主要分布在土壤表层，在 0~30cm 范围内通常分布着 70%以上的根群。水平根在根系分布中占主导地位。垂直根是指大体与土表呈垂直方向生长的根，其分布深浅受树种、品种、砧木和土壤等的影响。垂直根与水平根相比处于次要地位。

2. 根系生长特点

（1）果树根系没有自然休眠期

果树根系在年周期中没有自然休眠现象，只要条件适合可以周年生长。落叶果树在落叶后根还有少量的生长，随着土温下降，根系生长越来越弱，至 12 月下旬土温降至 0℃时停止生长，被迫进入休眠。果树根系在不同时期生长强度不同。

（2）果树根系在一年中呈波浪式生长

①幼年树发根高峰

幼年树一年内有三次发根高峰。第一次发根高峰在春季。随着土温上升，根系开始活动，当达到适宜温度时，出现第一次发根高峰。特点是发根较多，但时间较短，主要依靠上一年树体贮藏的养分。第二次发根高峰是当新梢生长缓慢，果实又未达到加速生长时，养分主要集中供给根系，此时出现第二次发根高峰。特点是生长时间较长，生长势强，发根数多，为全年发根最多的时期，主要依靠当年叶片光合作用制造的养分。第三次发根高峰是进入秋季后，花芽分化减慢，果实已经采收，叶片制造的养分回流，根系得到的养分增加，又出现第三次生长高峰。特点是持续的时间长，但生长势较弱。

②成龄树发根高峰

成龄树发根情况与幼树不同，全年只有两次高峰。春季根系生长缓慢，直到新梢生长快结束时，才开始形成第一次发根高峰，是全年的主要发根时期。到秋季出现第二次发根高峰，但不明显，持续的时间也不长。

（3）地上部与根系生长的先后顺序

在根系生长年周期中，地上部与根系开始生长的先后顺序，因树种、枝芽和根系生长对环境条件的要求不同而异。如苹果、梨根系活动对地温要求低，所以根系先开始活动，后萌芽。柑橘根系活动要求地温较高，所以在地温较低地区，先萌芽，后发根；在地温较高地区先发根，后发芽。

（4）不同深度土层的根系有交替生长现象

不同深度土层的根系生长有交替生长现象，这与温度、湿度和通气状况有关。据报道，苹果的吸收根 60%~80%发生在表层，0~20cm 表层土中最多，称为"表层效应"。因此创造最适宜的土壤表层环境对根系生长至关重要。

（5）根系生长主要在夜间

根系昼夜不停地进行着物质的吸收、运输、合成、贮藏和转化。根系主要在夜间生长，根系发生数量和生长量夜间多于白天。

（二）芽、枝、叶

1. 芽

芽是多年生植物的重要器官，相当于种子，是枝、叶、花等器官的原始体，是果树生长结果、更新复壮的基础。

（1）芽的类型

①根据芽的外部形态和内部构造分为叶芽和花芽。芽内仅含叶原基，萌发后只能抽枝展叶的芽称为叶芽。花芽又分为纯花芽和混合芽。芽内仅含有花原基，萌发后只能开花而不能抽枝展叶的芽称为纯花芽；叶原基与花原基共存于同一芽体内，萌发后既能抽枝展叶又能开花结果的芽称为混合芽。

②根据芽形成后萌发的时间分为早熟性芽、晚熟性芽和潜伏芽。

早熟性芽：当年形成，当年萌发的芽。

晚熟性芽：当年形成，当年不萌发，来年萌发的芽。

潜伏芽：芽形成后不萌发而在枝干上潜伏数年，当受刺激后才能萌发的芽。

③根据芽在节上的数目分为单芽和复芽。一个节上只着生一个芽为单芽，一个节上着生两个以上的芽为复芽。

④根据芽在枝条上着生的位置分为顶芽和侧芽。着生在枝条顶端的芽称为顶芽，着生在枝条叶腋处的芽称为侧芽。

（2）芽的特性

①芽的异质性

由于枝条内部营养状况和形成芽时环境条件不同，在同一枝条上不同部位的芽，存在差异的现象，称为芽的异质性。一般枝条基部的芽在早春形成，此时气温低，叶片小，光合产物少，芽发育不好，常为潜伏芽。以后进入初夏，气温升高，叶面积增大，光合作用增强，芽发育状况改善，至枝条缓慢生长后，叶片合成并积累大量养分，这时形成的芽充实饱满，枝条如能及时停长，顶芽质量最好。秋季形成的芽，由于时间晚，气温低，叶片光合能力差，有机养分积累时间短而少，芽不饱满，甚至顶芽不能形成。

②萌芽力和成枝力

一年生枝上的芽能萌发抽生枝条的能力称为萌芽力。一般用枝条上萌发的芽占所有芽的百分率来表示,萌芽在 50% 以上称为萌芽力强。一年生枝上的芽萌发后抽生长枝的能力,称为成枝力。萌芽力和成枝力因树种而异,如柑橘、桃的萌芽和成枝力均强;梨萌芽力强,成枝力弱。

③芽的早熟性和晚熟性

一些果树当年新梢上的芽当年就能大量萌发并可连续分枝,形成 2 次梢或 3 次梢,这种特性称为芽的早熟性,如葡萄、桃、杏、枣等。一些果树当年形成的芽当年不萌发,而在次年萌发,这种特性称为芽的晚熟性,如苹果和梨等。

④芽的潜伏力

果树衰老或受伤后能由潜伏芽抽生新梢的能力称为芽的潜伏力。芽的潜伏力强的果树(如苹果、梨)树冠更新较为容易,潜伏力弱的果树(如桃)树冠易衰老。

2. 枝

果树的枝条有贮藏运输水分和养分,支持叶、花和果的作用。枝条有发达的输导组织和机械组织,构成树体的交通运输网和骨架。

(1)枝条生长

①加长生长

枝条加长生长是顶端分生组织分裂伸长的结果。新梢生长分三个时期:

a. 开始生长期:从萌芽到第一片真叶分离为开始生长期。此期果树主要依靠上年树体贮藏的养分。

b. 新梢旺盛生长期:茎组织明显伸长,幼叶迅速分离,叶片增多,叶面积增大,光合作用增强。此期果树主要依靠当年叶片制造的养分。

c. 新梢缓慢生长和停止生长期:枝条生长一段时间后,由于外界条件的变化和树体内在因素(果实、花芽、根系)的影响,细胞分裂和生长速度逐渐降低和停止。此时期枝条节间短,顶芽形成,生长停止。随着叶片逐渐衰老,光合作用减弱,枝内发生木栓层,并积累淀粉和半纤维素,蛋白质合成加强,机械组织内的细胞壁充满木质素,枝条开始成熟。

②加粗生长

树干和枝条的加粗生长,是形成层细胞分裂、分化和增大的结果。加粗生长略晚于加长生长,其停止也稍晚。初始加粗生长依靠上年的贮藏养分,当叶面积达到最大面积的 70% 左右时,养分即可供给加粗生长,所以枝条上叶片的健壮程度和大小对加粗生长影响很大。树体负载量的大小与枝干的粗度呈正相关。

（2）枝的特性

①顶端优势

顶端优势是指活跃的顶端分生组织或茎尖常抑制其下侧芽萌发的现象。如果树枝条上部的芽抽生长枝，其下抽生的枝逐渐变短，甚至最基部的芽不萌发而处于休眠状态。树种品种不同，顶端优势的强弱不同。

②树冠层性

树冠层性是顶端优势和芽的异质性共同作用的结果，生长在中心干上的枝呈现层状排列的现象称为树冠层性。树种不同层性的显著程度也不同。苹果和梨层性明显，桃树层性不显著。

③垂直优势

枝条着生方位不同，生长势表现很大差异。直立的枝条生长旺而长，接近水平或下垂的枝条则生长弱而短，这种现象称为垂直优势。

3. 叶

（1）叶的形态

叶片是进行光合作用制造有机养分的主要器官，是果树生长发育形成产量的基础，叶片还具有呼吸、蒸腾和吸收等功能。叶片的大小及多少，对枝条生长、花芽分化和果实发育有很大影响。促进叶片正常生长和保护叶片功能对果树生产具有重要意义。

果树叶片依其形态特征可以分为三类：

①单叶：如仁果类、核果类，香蕉、葡萄、菠萝等。

②复叶：如核桃、荔枝、龙眼、香榧等。

③单身复叶：如柑橘类。

（2）叶幕和叶面积指数

①叶幕

叶幕是指同一层骨干枝上全部叶片构成的具有一定形状和体积的集合体。叶幕结构对光能利用情况影响极大。栽培上合理的叶幕结构应是总叶面积大，能充分利用光能而不致严重挡光。果树栽植密度、整形方式及树龄不同，叶幕的形状和体积不同。适宜的叶幕厚度是合理利用光能的基础。

②叶面积指数（LAI）

叶面积指数是指单位面积上所有果树叶面积总和与土地面积的比值（叶面积指数＝总叶面积/土地面积）。在科研和生产中常以叶面积指数来估计果树的生产力。这是因为叶片是光合产物的直接制造者，产量在一定限度内与叶面积指数大小成正比例关系。各种果树均有其最适叶面积指数，在最适叶面积指数下，单位面积上群体光能利用率达最大值。乔化果树一般叶面积指数为 3~5 时，单位面积上群体光能利用率达最大值。苹果、梨叶面积指数为 3~4 较好，柑橘为 4.5~5，桃叶面积指数一般高于苹果，为 7~10。矮化果树如苹果叶面积指数为 1.5 左右为宜。

（三）花芽分化

由叶芽的生理和组织状态转化为花芽的生理和组织状态，称为花芽分化。花芽分化是果树年周期中最重要的物候期，要想达到早果高产的目的，必须了解花芽分化的规律，掌握调控花芽分化的措施。

1. 形态分化时期及特点

（1）形态分化

花的发端标志着形态分化的开始，芽生长点相继分化为花的原基，并逐渐形成花的各个器官。芽内花器官的出现与形成称为形态分化。花芽形态分化紧接在生理分化之后，各个花原基出现以及花器官形成均是按一定的顺序依次进行的。虽然不同种类果树的花芽和花的构造和类型多样，分化过程和形态标志各异，但花芽分化的顺序大体相同，凡具有花序的，先分化花序轴，后分化花蕾；就一个花蕾的各组成部分的分化顺序而言，则先分化下部或外部器官，后分化上部或内部器官。

（2）不同种类果树的花芽形态分化时期和特点

①仁果类苹果、梨等花芽形态分化时期及特点

未分化期：其标志是生长点狭小、光滑。生长点范围内均为体积小、等径、形状相似和排列整齐的原分生组织细胞。

分化初期：生长点肥大突起呈半球形，生长点除原分生组织细胞外，还有大面圆，排列疏松的初生髓细胞出现。

花蕾形成期：肥大高起的生长点变成四周有突起的形状，正顶部为中心花蕾原始体，外围为侧花原始体。

花萼形成期：生长点先端变平，而后凹陷，四周突起即为花萼的原始体。

花瓣形成期：在花萼原始体内侧的基部，出现突起即为花瓣原始体。

雌蕊形成期：在花瓣原始体内侧基部发生多个突起，一般排列为两轮，为雄蕊原始体。

雄蕊形成期：在花原始体的中心底部发生突起为雌蕊原始体。

②核果类桃、李、杏、樱桃等花芽分化特点

花芽为纯花芽，芽内无叶原始体，而紧抱生长点的是苞片原始体。

桃花芽内只有一个花蕾原始体，而樱桃、李等则有两个以上花蕾原始体。

分化初期的标志是生长点肥大隆起，略呈扁平半球状，即花蕾原始体。

萼片、花瓣和雄蕊的分化标志与仁果类基本相同。

雌蕊分化也是从花原始体中心底部发生，但是只有一个突起。

③柑橘类花芽分化特点

未分化的生长点狭小并为苞片所紧抱。

分化初期生长点变高而平宽，苞片松抱。

其他各分化期与仁果类相似，但子房为多室。

2. 花芽分化要求的条件

（1）花芽分化的内在条件

①花芽形态建成中要有比建成叶芽更丰富的结构物质，包括光合产物、矿质盐类，以及转化合成的各种糖类、各种氨基酸和蛋白质等。

②花芽形态建成中必须具备能量物质，如淀粉、糖类和 ATP。

③花芽形态建成中必须具备平衡调节物质，主要是内源激素，包括生长素（IAA）、赤霉素（GA）、细胞激动素（CK）、脱落酸（ABA）和乙烯等，酶类在物质调节和转化中也是不可缺少的。

④花芽形态建成中必须具备相关的遗传物质，如脱氧核糖核酸（DNA）和核糖核酸（RNA）等，它们是代谢方式和发育方向的决定者。

（2）花芽分化的外界条件

①光照

苹果等多数果树喜欢长日照和强光，因为良好的光照条件有利于糖类的合成，有利于内源激素的平衡，从而提高花芽的分化率。在栽培上，要考虑合理的栽植密度、丰产树形和适当的修剪技术。

②温度

温度影响果树一系列的生理过程，同时也影响着激素的平衡。因此，花芽分化对温度也有一定的要求。不同树种对温度要求不同。如苹果花芽分化的适宜温度是 20~27℃，低于 15℃或高于 30℃，对花芽分化都不利。

③水分

花芽分化必须保持适量的水分，土壤湿度以土壤持水量的 60%~70%为宜。在花芽分化的临界期前，要在短时期内适当控制水分的供应，目的是抑制新梢生长，减少养分消耗，促进养分的积累，利于花芽形成。在花芽分化的临界期，要保证水分的供应。

④矿质元素

矿质元素在花芽分化过程中必须保障供应。在花芽分化期间适当喷氮和磷，则成花效应明显。

3. 花芽分化调控途径

（1）根据幼树和成年树的生长特点，采取不同的措施

①幼树生长特点及控制措施

根据幼树生长过旺的特点，采取的方法是：少施氮肥多施磷、钾肥和适当控制灌水量；注意夏季修剪（疏枝、拉枝、环剥等）或喷抑制剂，控制营养生长，促进花芽形成。

②成年树生长特点及控制措施

成年树新梢生长、花芽分化和果实形成三者处于矛盾之中。采取的措施是：

a. 在树体生长前期，多施氮肥并灌水，促进营养生长；在花芽分化临界期之前，要在短期内控制水分和氮肥的供应，促进花芽形成；在花芽分化临界期，要保证水分和氮、磷、钾的供应，促进花芽分化。

b. 对花芽量过多的树，尤其是大年树要进行疏花疏果，减轻花芽分化与果实发育的矛盾。

c. 在采收前后至落叶前，采取保叶和加强肥水管理的措施，使树体有足够的贮藏养分，为来年果树生长发育奠定基础。冬剪时要注意调节花芽和叶芽比例。

（2）花芽分化临界期控制花芽分化

花芽分化的临界期是花芽分化的关键时期，在这一时期要加强肥水供应，还可采用栽培措施控制花芽分化。

（四）开花结果

1. 开花

（1）花的组成及类型

花是植物体的重要生殖器官，是果实生长发育的基础。花由花梗、花托、花萼、花瓣、雄蕊和雌蕊组成。

根据雌雄蕊的有无，可将花分为两性花和单性花。在一朵花中同时具有雄蕊和雌蕊的为两性花。在一朵花中只有雌蕊或只有雄蕊的为单性花。

（2）花期及开花次数

①花期

一株树从花出现到花落为花期。花期一般分为四个时期：初花期，有 5%～25% 的花开放；盛花期，有 25%～75% 的花开放；末花期：有 75% 以上的花开放；落花期，从花瓣开始脱落到花瓣全部脱落为落花期。

不同树种品种花期不同，苹果、梨、桃等树种花期较短，柿、枣等花期长。树体营养水平和外界环境条件不同，花期不同。树体营养水平高，则开花整齐，花期长；树体营养水平低，开花不整齐，花期短。高温干燥时，代谢旺盛，受精快，花期缩短；冷凉湿润，花粉萌发及受精迟缓，花期长。

②开花次数

具有早熟性芽的果树，如葡萄一年可开花一次以上；具有晚熟性芽的果树如苹果的大多数品种，一年开花一次，但遇特殊情况（如病虫害、夏季久旱、秋季温暖多湿等），也会二次开花。在生产上要注意避免这种现象发生，因为这种现象会影响树势和下一年的产量。

2. 授粉受精

（1）授粉

授粉是指花粉由花药散出传到柱头上的过程。同一树种同一品种间授粉属于自花授粉，同一树种不同品种间授粉为异花授粉。花粉传播媒介是风和昆虫。仁果类和核果类花粉粒较大，有黏性，外壁有各种形状的突起花纹，主要靠昆虫传播花粉；坚果类花粉小而轻，外壁光滑，可由风传播。

（2）受精

受精是精子与卵子的融合过程。

授粉受精不完全的子房，种子少，畸形果多，发育过程中落花落果现象严重。授粉受精完成的好坏与许多因素有关。

（3）影响授粉受精的因素

①自花不结实

自花不结实是指同品种的花粉不能使同品种花的卵子受精的现象，如甜樱桃的全部品种、欧洲李的多数品种、苹果和梨的许多品种有自花不结实的现象。自花不结实的原因：

a. 雌雄异株：如银杏。

b. 花粉无生活力：如桃的某些品种。

c. 雌雄异熟：花粉散出过早或过晚不能适时授粉，如核桃、板栗的某些品种。

d. 自交不亲和：是自交不结实的最重要的原因，如欧洲李、甜樱桃和扁桃等。果树栽植时，对自花不结实的品种必须配置花粉多、花期一致且亲和性强的其他品种作为授粉树，创造异花授粉的条件。

②花粉和胚囊败育

形成正常的花粉和胚囊是成功授粉和受精的前提，但有一些因素常会引起花粉或胚囊发育中途停止，这种现象称为败育。原因如下：

a. 遗传上的原因：花粉或胚囊细胞中的染色体数为多倍体。

b. 营养条件：花粉或胚囊在发育过程中需要足够的贮藏营养，如果营养不足会引起败育。

c. 环境条件：在花粉和胚囊发育过程中，不适宜的温度、光照和水分会引起败育。

③营养条件对授粉受精的影响

正常受精过程不但要有发育正常而且相互亲和的雌雄配子，还要有花粉萌发、花粉管生长和受精等适宜条件。影响花粉萌发、花粉管生长速度、胚囊寿命及柱头接受花粉时间长短的重要内因是树体营养。在树体营养良好的情况下，花粉管生长快，胚囊寿命长，柱头接受花粉时间也长，这样可大大地延长有效授粉期；若树体营养不足，花粉管生长速度慢，胚囊寿命短，当花粉管未到达或到达珠心时，胚囊已失去功能，不能受精。施用氮、硼、钙、磷利于授粉受精，可提高坐果率。

④外界环境条件对授粉受精的影响

温度是影响授粉受精的重要因素。温度影响花粉管通过花柱的时间，如苹果在常温下，花粉管通过花柱所需时间为 48~72h，最多可达 120h，高温下只需 24h；低温下花粉管生长速度慢，到达胚囊前胚囊已失去了受精能力。另外，低温影响授粉昆虫的活动，一般蜜蜂活动的温度要在 15℃ 以上。花期大风不利于昆虫活动，同时还会使柱头干燥而不利于花粉发芽。阴雨潮湿不利于传粉，影响受精。

3. 果实发育

（1）果实发育的时间

果实发育通常是指从受精开始到果实衰亡的综合变化过程。果实发育所需要时间的长短因树种、品种而不同。草莓最短，仅需 20~30d，樱桃需 40~50d，杏需 70~100d，桃需 60~170d，苹果需 80~180d，柑橘需 120~140d，茯苓夏橙需 350~420d，需时最长的为香榧，长达 1 年半。自然条件对果实发育时间也有一定的影响。

（2）果实发育时期

各种果实发育都要经过细胞分裂、种胚发育、细胞膨大和细胞内营养物质大量积累和转化的过程。例如，苹果的果实在发育过程中可分为以下三个时期：

①第一生长期从受精到胚乳增长停止。特点是细胞分裂最快，此期需要大量的氮、磷和糖类，氨、磷可由树体贮藏及施肥供应。

②第二生长期从胚开始发育直到种子硬化。特点是胚开始迅速发育，吸收胚乳营养，细胞基本不再分裂，细胞体积增长速度较慢。

③第三生长期从果实体积迅速增长到果实成熟。特点是随着细胞体积的迅速膨大，果实迅速增大，细胞内积累大量营养物质，并进行转化，呈现出品种所特有的风味，果面着色，种皮变褐，果实达到成熟。

4. 果实成熟及果实品质

（1）果实成熟

果实成熟是指果实达到该品种固有的形状、色泽、质地、风味及营养物质等的综合变化过程。果实开始成熟时内部生理发生一系列的变化。果实在成熟前，积累了大量的淀粉、有机酸、蛋白质、单宁和原果胶等，此时果实有缺香味、多酸涩、较生硬等特点。随果实成熟，淀粉转化成糖；有机酸参与呼吸作用而氧化分解；单宁被氧化；原果胶在果胶酶的作用下转化成可溶性果胶；高级醇、脂肪酸在酶的作用下转化成酯。因此，果肉变为松脆或柔软且具芳香。此外，随着果实的成熟叶绿素分解，绿色消失，类胡萝卜素、花青素等色素的颜色显现出来。

（2）果实品质

果实品质由外观品质和内在品质构成。外观品质包括形状、大小、整齐度和色泽等，内在品质包括风味、质地和营养成分等。

果实外观品质中的果实色泽因种类品种而异。决定色泽的物质主要是叶绿素、胡萝卜素、花青素等。花青素主要是水溶性色素，花青素的形成需要糖的积累。近年来，生产上对梨、桃、葡萄、苹果和荔枝等果树的果实进行套袋，改善了果实着色和光洁度，是提高果实品质的主要措施之一。另外，还可在树下铺反光膜，改善树冠内膛和下部的光照条件，使果实着色良好。柑橘在采收前用红色透明纸袋对果实进行套袋或在果实贮藏期间用红光照射果实，能形成很好的色泽。由此可见，环境条件和树体营养对果实着色有较大的影响。糖的积累、温度和光照条件是色泽形成的三个重要因子。

果实的内在品质主要包括硬度、风味和营养成分等。决定果实硬度的主要物质是果胶、纤维素和木质素等。矿质营养、激素、水分等对果实硬度有影响。果实风味是指摄入前后刺激人的所有感官而产生的各种感觉（化学、物理和心理感觉）的综合效应。果实中糖、酸含量和糖酸比是衡量果实品质的主要指标。树种品种、砧木、果实采收早晚、树体营养与负载量、肥料种类和环境条件等都会影响果实中糖类的含量。影响果实香味的物质有醇、醛、酮、酯和萜烯类等芳香物质。了解影响果实品质的物质和因素，在果树栽培中，能有效地采取农艺技术措施，达到提高果实品质的目的。

第二节 果树与环境

一、果树与温度的关系

温度是果树正常生命活动的必要因素，它决定着果树的自然分布，制约着树体的生长发育过程。

（一）生长季积温与果树生长的关系

生长季是指不同地区能保证生物学有效温度的时期。营养生长期是指果树通过营养生长所需要的时期，即果树萌芽到正常落叶所经历的天数。只有当生长季与果树生长期相适应时才能保证果树正常的生长和结果。

在适宜的综合外界条件下，能使果树萌芽的平均温度称为生物学有效温度的起点。一般落叶果树生物学有效温度起点为 $6 \sim 10 ℃$，但转入旺盛生长的温度为 $10 \sim 12 ℃$。生长季中生物学有效温度的总和为生物学有效积温，它是影响果树生长的重要因素。积温不足果树枝条生长成熟不好，同时也影响果实的产量和品质。积温是经济栽培区的重要气候指标。

同一树种不同品种在生长期内对热量的要求也不同。一般营养生长期开始早的品种对夏季的热量要求较低。同一品种在年周期中不同物候期或不同器官活动所要求的温度也不同，因而产生了不同年度各个物候期延续时间的差异和物候动态的交错现象。一般在温度较高的年份各物候期的通过时间相对缩短，而低温年份各物候期的通过时间相对延长。

（二）休眠期低温与温度变化对果树的影响

休眠期的低温是决定果树树种在某种条件下能否生存的指标，首先应明确以下几个概念：

耐寒性是指果树能抵抗或忍受 0℃ 以上低温的能力。抗冻性是指果树能忍受 0℃ 以下温度的能力。

越冬性是指果树对冬季一切不良条件的抵抗、适应能力。

果树在休眠期对低温的抵抗能力因树种、品种不同而各异，原产北方的山荆子，能忍耐-50℃的低温，而南方热带果树在0℃左右即引起冻害。

果树在休眠期的抗寒能力受树体内水分和营养状况、越冬锻炼程度及温度变化幅度等影响。当温度缓慢下降，树体内的代谢作用随之逐步改变和适应时，通过抗寒锻炼，忍受低温的能力就增强。如果温度剧变，果树的代谢作用来不及改变，其与环境适应的统一关系就遭破坏，即使温度不过低也能引起冻害。树体内水分状况不平衡时会加大受冻的可能性。已成熟的枝条，经过锻炼，蒸腾强度较弱，越冬性提高，在-30℃时也不发生冻害，但未充分成熟的枝条，蒸腾强度较大，在-5℃的低温下即发生冻害。

在大陆性气候地区常发生花芽和花早春冻害的现象。如早春温度变暖，核果类果树芽极易萌动，因而降低了花芽的抗冻性，天气回寒时，就会造成大量死亡。

总之，影响果树生长发育的温度指标主要是年平均温度，生长期积温和冬季最低温。通常用这三者作为果树区划的指标。

二、光照

光是果树生长的主要因素之一。不同的果树种类对光的要求程度不同，光照过多或不足均会妨碍果树的正常生长和结果，进而造成病态。感受光能的主要器官是叶片，叶片中的叶绿素吸收光能，制造有机物，完成主要光化学反应——光合作用。常绿果树需光量较落叶果树少。猕猴桃、山楂较耐阴。光照充足时，枝叶生长健壮，增强树体的生理活动，改善树体的营养状况，提高果实产量和品质，增进果实色、香、味，提高果实耐贮藏性。光照不足时，对根系有明显的抑制作用，其表现是根的生长量减少，发根数量也减少甚至停止生长。

三、果树与水分的关系

水是果树生存的必要因子，是组成树体的重要成分。果树枝、叶、根的含水量占50%左右，果实的含水量占80%以上。水也是果树进行光合作用、蒸腾作用、矿质营养吸收所不可缺少的。光合作用每生产1kg光合产物，蒸腾300~800kg水。果树在生育过程中需要适量供水，才能维持正常的生命活动。水分过多或不足都对果树不利。一般土壤水分应保持田间最大持水量的60%~80%，这样最有利于果树生长。

（一）树体水分平衡和需水量

所谓水分平衡是指果树的蒸腾量和吸水量相近时的状态。水分平衡是果树生长发育的基础，是进行水分管理的科学依据。不论幼树还是结果树，各器官的含水量是不相同的，一般是处于生长最活跃的器官和组织中的水分含量较多，但对果树整体来说应在果树生长发育的各个阶段，始终保持着相对的水分平衡状态。

果树在生长季的蒸腾量与其所生成的干物质的质量比称为需水量，一般以形成干物质所需的水量表示。果树的需水量随树种、土壤类型、气候条件及栽培管理水平等不同而有差异。

各种果树对水分的要求不同，因而有抗旱和耐涝之区别。

抗旱力强的树种常见的有桃、杏、石榴、枣、核桃等，抗旱力中等的有苹果、梨、柿、樱桃和李等，抗旱力弱的有草莓、香蕉等。

耐涝力强的有枣、葡萄、穗醋栗、梨和山核桃等，耐涝力中等的有草果、李、杏等，最不耐涝的是桃、无花果。

(二) 年周期中果树对水分的需求

在一年中果树各个物候期对水分的需求不同。生长在北方的落叶果树在春季萌芽前，树体需要一定的水分才能萌芽。如春季干旱，水分不足，常影响果树萌芽，故春季灌水对果树生长发育十分有利。花期空气相对湿度小，使柱头上的分泌物容易干燥，影响授粉受精。新梢生长期气温上升快，枝、叶旺长，需水量最多，此期是果树需水的临界期。花芽分化期需水相对较少，此期正是雨季，一般来说不用灌水。果实发育期需要适量的水分，水分过多易造成裂果或果实受病害，影响品质和产量。秋季多雨，枝条生长不充实，影响越冬。冬季水分不足，果树枝干容易发生冻伤。春季风大，树体内水分不足，会造成抽条现象。

综上所述，要根据果树各物候期对水分的需要，以及当地的气候条件，对果树适时灌水和排水，从而得到高产优质的果实。

四、果树与土壤、地势的关系

土壤是果树生存的场所，是果树生长发育的基础，良好的土壤条件能满足果树对水、肥、气、热的要求。

(一) 土壤的理化特性对果树的影响

1. 土壤温度

土温直接影响根系的活动，北方的落叶果树只有土温升高到一定度数时根系才能开始活动。土温也制约着各种盐类的溶解速度、土壤微生物的活动，以及有机质的分解和养分转化等。

2. 土壤水分

水分可以提高土壤肥力，有利于营养物质的溶解和利用，调节土壤湿度和通气状况。大多数果树在田间最大持水量60%～80%时生长最好，当土壤含水量低到高于萎蔫系数2.2%时，根系停止活动，光合作用受阻。通常落叶果树在土壤含水量为5%～12%时叶片凋萎。当土壤水分过多时空气减少，缺氧产生硫化氢等有毒物质，抑制根的呼吸。土壤水分状况还是影响果实大小和品质的因素之一。

3. 土壤通气

土壤质地疏松通气良好，根系才能很好地生长。在土壤空气中氧含量不低于15%时，果树根系生长正常，不低于12%才能发生新根。土壤含氧量低，会影响营养元素的吸收和根的生长。树种不同对缺氧的敏感程度不同，桃最敏感，苹果、梨等中等。

4. 土壤酸碱度

土壤酸碱度与土壤中的有机质和矿质元素的分解利用及微生物的活动有关。各种果树对酸碱度要求不同。

不同土壤的酸碱度影响根系的吸收。在酸性土壤中有利于硝态氮的吸收，硝化细菌在pH6.5时发育最好；而中性、微碱性土有利于氨态氮的吸收，固氮菌在pH7.5时最好。有些果树常发生失绿现象，这是因为生理性缺铁造成的。

土壤中有害盐类的含量，对果树生长发育有抑制作用，但各种果树的耐盐能力不同。葡萄和枣比较耐盐。不同品种耐盐力也不同，如葡萄品种玫瑰香最耐盐。不同砧木耐盐力也不同，毛桃比山桃耐盐，海棠比山荆子耐盐。

总之，土层深厚，质地疏松，含有机质多，微酸至中性，地下水位低的土壤最有利于果树的生长发育，所以建立果园时要注意土壤的选择。

（二）不同地势对果树的影响

在丘陵和山地，由于海拔高度、坡度、坡向、小地形不同，气候和土壤有极大差别。山地随海拔高度的上升气温下降，每升高100m气温下降0.4～0.6℃。雨量分布在一定范围内随海拔高度升高而增加。日照随海拔高度的上升，紫外线强度增加。因而山地果树出现垂直分带现象。果树物候期随海拔高度升高而延迟，生长结果期随海拔升高面提早。在达到一定高度时，生长期虽长，但由于热量不足落叶相对提早。

坡度对果树生长影响很大，一般 5~15°的坡度适宜栽植果树，以 3~5°的缓坡地最好。在坡度大的地区，最好修筑梯田，种上植被，做好水土保持才可栽植果树。坡地的土壤由于雨水的冲刷，坡顶土壤贫瘠，含石量多，而坡下土层加厚，含石量减少土壤变细，质地变黏，肥力增加。坡度越大，冲刷越重，坡上坡下土壤差异就越大。

不同的坡向日照时数不同。在同样地理条件下，南坡光照好，早春气温上升快，比北坡温度高 25℃左右，果树物候期旱，果实品质也好，但受日烧、霜冻较重。北坡光照差，温度低，早春气温上升慢，相对湿度大，果实品质差。东坡和西坡介于二者之间。

第二章 果树栽培常规技术

第一节 育苗

一、苗圃的建立

(一) 苗圃地的选择

1. 位置

苗圃应选择在交通便利（离销售地点较近的区域）、水源充足并远离检疫性病虫害滋生的场所。大风口，灰尘多的公路边，易受畜养动物践踏、易受水淹的地段，冷空气易积聚与易受洪水冲刷的低洼地段均不宜做苗圃。

2. 地势

苗圃应选择在地面平坦开阔、背风向阳、排水良好、地下水位在 1m 以上的低地或坡度为 2~5° 的缓坡地带。坡度大的地段应修筑梯田后再做苗圃。

3. 土壤

苗圃以土层深厚、疏松肥沃、有机质丰富的沙壤土或黏壤土为宜；另要求土壤肥力中等，呈微酸性至中性，含盐量不超过 12%。有苗木病虫害的土壤要进行消毒。

(二) 规划

1. 园地调查测绘

（1）园地调查

调查由专业技术人员进行。调查内容有位置、面积、界址、土壤地力、水源、交通、气候、植被、土地利用、环境污染情况；同时还须对当地果品加工与流通情况进行调查。

（2）测绘制图

在对园地进行调查和测量后要绘制土地利用现状图，一般比例尺为 1：3 000～1：1 000，等高线高差为1m。

2. 小区划分

专业大型苗圃应根据市场对苗木的需要量确定苗圃面积，且应划分出三个区域：母本区、繁殖区、非生产用地区。母本区的主要任务是提供良种繁殖材料，如实生苗种子、接穗、插条等；繁殖区应根据所培育的苗木种类来划分培育区，可分为实生苗培育区、自根苗培育区、嫁接苗培育区。为了减少病虫害，恢复土壤肥力，育苗地应注意轮作，一般同一育苗地培育同类果树的果苗要间隔2～5年。专业苗圃除分区外，还应根据地势、土壤、水源等进行全面规划。非专业型苗圃可以不分区，分块或分畦来分别培育不同树种、品种的苗木。

（三）苗圃地耕作

1. 整地

苗圃地要全部开垦，清理杂树、杂草，应三犁三耙，使土壤细碎。在缓坡地按等高线起畦，并开好排灌沟，以备灌水和排除积水。地下水位高或地势低者应起高畦。按地势地形不同，畦的长宽可灵活掌握。

2. 施基肥

在苗圃中施肥常用充分腐熟的农家肥，如堆肥、人粪尿、饼肥等有机肥料做基肥。一般堆肥每亩（1亩=667m^2）可施2 000～3 000kg，人粪尿每亩施1 000～1 500kg，饼肥每亩施100～150kg。这些肥料须结合整地均匀撒开，通过翻地将肥料翻入耕作层中部。

3. 土壤消毒

对土壤进行消毒，目的是消灭土壤中的病原物和地下害虫、杂草种子等。土壤消毒的方法有高温消毒、药剂处理两种。

高温消毒：通过焚烧地里的草及秸秆等杂物来加热土壤表层，从而杀灭杂草、病菌。药剂处理：先用3%硫酸亚铁溶液喷洒苗床，再用40%甲醛溶液喷洒苗床，用于防治苗木病虫害。将50%辛硫磷乳油拌入适量稀土中，均匀撒在苗床上可防地下害虫。喷洒药剂后要用塑料薄膜蒙住苗床密封24h，在播种或扦插前1周左右揭开薄膜，使药剂挥发。

4. 作床

果树多用床式育苗方式育苗。苗床宽1m，长度视地形而定，步道宽30～40cm。

二、育苗技术

(一) 实生苗的培育

1. 实生苗的特点和应用

凡是用果树种子繁殖的苗木称为实生苗。

实生苗繁殖方法简单，种子来源广，便于大量繁殖。实生苗根系发达，主根明显，生理年龄小，活性高，适应性、抗性强，寿命长，产量高。种子不带病毒，通过该繁殖方式，在隔离的条件下可育成无毒苗。但实生苗具有明显的童期，进入结果期晚，存在较强的变异性和明显的分离现象，故除少数难以无性繁殖的树种用实生苗繁殖外（如番木瓜、椰子等可用实生苗作为果苗），其他果树实生苗多用作嫁接苗的砧木。培育实生苗要提倡自采、自育、自栽的"三自"方针，这样才能保证砧木、接穗的品种纯正，避免从外地引入危险的病虫害，提高苗木质量。

2. 种子的采集和贮藏

（1）采种

采种母树的标准：基本要求是树形匀称，树冠开张，发育正常，生长良好，无病虫害，产量高，果枝多，坐果率高，树势强，果实品质好，抗性强，适应性广。

建立母树林：大型苗圃一般都专门开辟砧木母树区。也可以把现有生长良好的树木选为采种母树，树上标上记号，并建立母树档案。

适时采种：采种时期依当地气候和树种而定，但种子必须充分成熟。

采种方法：采种要在晴天进行。一般有采摘法、摇落法、地面收集法三种方法。使用采摘法时可借助采种工具。使用摇落法时可用采种网或在地面铺设帆布、塑料薄膜来收集种子。地面收集法主要适用于果实脱落后不易被吹散的果树，如板栗、核桃、银杏等。

（2）种子处理

种子处理包括脱粒取种、清除杂物、适当干燥和种子分级等工序。果树种实多为肉质果，处理程序基本上都是：水浸种实→草帘保湿→软化腐烂果皮→木棍捣烂果肉→搓去果肉→漂洗取种→阴干。

（3）种子贮藏

种子取出后要妥善贮藏，否则会失去活力。大多数热带、亚热带常绿果树（如荔枝、龙眼、柑橘等）种子应保持一定的含水量，不宜暴晒，种子洗净后直接播种或催芽播种为佳。大多数落叶果树种子在采收后会进入休眠状态，但此时呼吸作用仍在进行。如果贮藏期间外界温度升高，湿度加大，种子的呼吸作用就会加强，种子内贮藏物会加速消耗，致使种子生命活力减弱，播种品质下降；反之，如果贮藏期间低温、干燥、通气适当，种子的呼吸作用弱，物质消耗少，种子的生命活力就强。但是，如果不透气，种子就会缺氧，进行无氧呼吸，产生有害物质，最终导致死亡。此类果树种子我们一般采用湿沙层积法和低温冷藏法两种方法贮藏。

3. 育苗措施

播种育苗要掌握好五项基本措施：

（1）播种前种子处理

播种前，主要是做好种子质量鉴定、精选、消毒和催芽等工作。

①品质检验：着重测定种子净度、千粒重、发芽率、生活力，为确定播种量打下基础。具体做法见植物学实训内容。

②精选：通过筛、扬、水选和粒选的方法，把经过贮藏而可能会发生虫蛀、霉烂的种子剔除。

③消毒：为了防止幼苗发生病害，可用50%多菌灵可湿性粉剂拌种即播，或用0.1%高锰酸钾溶液浸种0.5h，或用1%硫酸铜溶液浸种5min，或用40%甲醛溶液150倍浸液浸种15~20min后洗净催芽。

④催芽：种子的种皮硬度不均，所出的苗也参差不齐。为使种子出苗快、齐、匀、全、壮，就要进行催芽。通常方法有：

温水浸种法：对种皮较厚的种子，如山核桃、君迁子、野柿等，可用60~70℃的热水浸泡，并缓慢搅拌使水渐凉，然后换清水浸泡12~24h，最后将已膨胀的种子取出，与3倍湿沙混合后放温暖处催芽。

层积法：用洁净的湿沙与种子分层堆放（河沙用量为种子的3~5倍），盖膜保湿，播前不断检查，种子有20%~40%裂口时即可播种。

机械破种法：少数种子可用剪刀、砂纸或砖头破种。

（2）播种时期

播种时期可分为春播、秋播和随采随播。

春播时间在3月下旬至4月上旬，播前要对种子进行催芽处理。春播宜早不宜迟。秋播适用于休眠期长的大粒种子和发芽困难的种子。秋播要加大播种量。

随采随播（夏播）适用于不宜贮藏的夏熟种子，如枇杷、龙眼、荔枝等。

（3）播种量

播种量指单位面积上所播种子的重量，可用下式求算：

每千克种子籽粒数×种子净度×种子发芽率

由于生产上种子发芽率常受气候、土壤、整地质量及育苗技术等条件影响，所用播种量应大于理论数值。

（4）播种方式

根据种子大小和土壤条件，播种方式有条播、撒播和点播。小粒种子常用条播和撒播方式播种。条播和点播按果苗株距 10～20cm、行距 20～25cm，开沟或打穴播种。大粒种子要横放，覆土厚度是种子直径的 2～3 倍。播后浇水，并盖上塑料薄膜保温、保湿。

（5）播后管理

针对实生苗年生长规律，播后管理包括以下内容：

保持土壤湿润：要适时喷水，保持土表湿润，但忌漫灌，以免土壤板结，影响幼苗出土。雨季要注意排水，防止积水烂根。

遮荫：春末或夏初播种后最好保湿、搭遮荫网遮阴，减少水分的蒸发，创造有利于幼苗生长的环境。

及时去掉覆盖物：出苗达 40% 时要立即揭开薄膜或其他覆盖物，以防幼茎弯曲，生长不良。揭薄膜应在阴天或傍晚进行，揭后要用搭荫棚、插阴枝的方法遮阳。

间苗补苗：间苗的对象是弱、病、密苗。间苗时要除去长出的杂草。在幼苗生长初期开始间第一次。间苗同时可进行移苗、补苗。移苗要带土，移栽后要浇"定根水"。进入速生期可定苗。

施肥与病虫害防治：幼苗长出 3～4 片真叶即可施肥。施肥时要掌握先淡后浓、薄肥勤施的原则。一般每隔 15～20d 追肥一次，速生期可追肥 2～6 次，每次每亩施人粪尿 200～300kg。施肥要注意勿伤叶面，追肥后要用清水淋一下小苗，以防"烧苗"。在幼苗生长过程中要注意病虫害防治。

摘心：当幼苗长至 30cm 左右时，要适时进行摘心，促进苗木加粗，同时除去苗干基部 5～10cm 的萌蘖，以保证嫁接部位光滑。

苗木防寒：在苗木生长末期停止水肥供应，防止抽生秋梢；越冬前盖草保暖；及时起苗假植。

（二）营养繁殖苗的培育

用果树的营养器官（根、茎、叶、枝、芽）繁殖的新植株就是营养繁殖苗，也叫无性繁殖苗。培育营养繁殖苗的方法有嫁接、扦插、压条、分株、组织培养等。其中，用嫁接技术培育的繁殖苗称为嫁接苗；利用果树根、茎、叶等营养器官的再生能力萌发新根或新芽而长成的独立植株，称为自根苗。

1. 嫁接苗培育

嫁接育苗是把一株植物的枝或芽接到另一株植物的适当部位，使它们愈合长成新的植株的育苗方法。用来嫁接的枝或芽叫作接穗或接芽，被嫁接的枝或根叫作砧木。嫁接苗结实早，能保持品种的优良性，具有提高苗木抗逆性的能力。用矮化砧还可以使果树矮化。

（1）嫁接成活的原理

嫁接后，接穗和砧木的形成层紧密结合，各自的形成层分裂出新细胞，相互愈合在一起，愈伤组织在胞间连丝作用下分化形成输导组织，使砧木与接穗原来的输导组织相互疏通，这样就形成了一个新的整体。

（2）影响嫁接成活的因素

①砧木与接穗的亲和力：一般砧木与接穗的亲缘关系越近，亲和力越强，成活的可能性越大。

②砧木与接穗的质量：砧木与接穗生长健壮、优良，则能提供充足营养物质。

③环境条件：光照（遮阳促进愈合，强光抑制生长）、温度（20~25℃）、湿度（塑料薄膜包裹保湿、保温）。

④嫁接时间：春季和秋季嫁接成活率高，芽接最适宜时期为生长期便于取芽时。在热带、亚热带全年均可嫁接。

⑤嫁接技术与嫁接方法：嫁接技术决定嫁接成活率和嫁接效率。嫁接时总的要求是做到——快、准、光、净、紧。

快，指操作动作要快，刀具要锋利。

准，指砧木与接穗的形成层要对准。

光，指接穗的削面光洁平整。

净，指刀具、削面、切口、芽片等要保持干净。

紧，指绑扎要紧。

（3）砧木的选择

砧木须具备的条件是：与接穗的亲和力要强；对接穗的生长和结果有良好的影响，如生长健壮、结果早、丰产、寿命长等；对栽培地区的气候、土壤环境条件适应性强，如抗旱、抗涝、抗寒、抗病虫等；取材方便，易于大量繁殖；具有能满足特殊需要的性状，如矮化等。

（4）接穗的选择、采集、包装和贮藏

①采穗母树的选择

采穗母树应具备的条件是：品种纯正且是推广发展的优良品种；适应当地自然条件，抗逆性强；树势中庸，生长健壮，处于结果盛期；无检疫性病虫害。幼龄树及树势弱、病虫害严重的树不宜作为采穗母树。

②接穗的采集

枝接接穗在树木落叶后即可采集，用量大时可结合冬季修剪采集，最迟不能晚于发芽前2~3周。采时选择树冠外围生长的1~2年生，节间长度适中、芽体饱满、充分木质化的枝条。采后截去两端，保留中断。

芽接接穗在生长季节随接随采。要采集发育良好，芽饱满充实的当年生新梢。采后立即剪去叶片保留一段叶柄。

③接穗的包装

采下的接穗要分品种捆扎、编号；拴上标签，标签上注明品种、树号；装入塑料袋中，迅速运到嫁接场所或贮藏点。

④接穗的贮藏

芽接的接穗不需要贮藏。枝接的接穗如果不立即用于嫁接，可参照硬枝插条插穗贮藏的方法贮藏起来。其基本要求是保持湿度，减少光照，抑制萌发，以使接穗在嫁接时仍然健壮有活力。

（5）嫁接方法

嫁接主要有枝接（用有一个或几个芽的一段枝条做接穗）和芽接（用一个芽片做接穗）两种方法。

①枝接

枝接一般在春季砧木萌动而接穗未萌动时进行，有时在生长季节也能进行，如靠接、绿枝舌接等。常用的枝接方法有劈接、切接、插皮接、舌接等。

a. 劈接

适用于较粗的砧木，并广泛用于果树高接换头。注意事项如下：

削接穗：将接穗基部削成两个长度相等的楔形切面，切面长3cm左右。切面应平滑整齐，一侧的皮层应较厚。

切砧木嫁接：将砧木截去上部，削平断面，用刀在砧木断面中心处垂直劈下，深度应略长于接穗切面。将砧木切口撬开，将接穗插入，较厚的一侧应在外面，接穗削面上端应微露出，然后用塑料薄膜绑紧包严。粗的砧木可同时接上2~4个接穗。

b. 切接

适用于根颈粗 1~2cm 的砧木。注意事项如下：

削接穗：将接穗部两侧削成一长一短的两个削面，先斜切一个 3cm 左右的长削面，再在其对侧斜削一个 1cm 左右的短削面。削面应平滑。

切砧木嫁接：砧木应在欲嫁接部位选平滑处截去上端。选皮层平整光滑面，由截口稍带木质部向下纵切，切口长度与接穗长削面相适应，然后插入接穗，长削面紧靠木质部多的一边，使形成层对齐，立即用塑料条包严绑紧。

c. 插皮接

适用于直径在 15cm 以上的砧木，但砧木树皮要能剥离。注意事项如下：

削接穗：先在低芽下部的背面 0.5cm 处向下斜切一个 3cm 左右的长削面，再在其对侧斜削一个 0.5cm 左右的短斜面，在短削面两侧各轻轻削上一刀，但仅限削去皮层，露出形成层。

切砧木嫁接：在欲嫁接部位选平滑处截去上端，削平截面。选皮层平整光滑面，在剪口处轻轻横削一刀，随之纵割一刀，深达木质部；同时从刀缝处将皮向两侧挑开，把接穗的长削面对向砧木的木质部轻轻向下插入；接穗上部可"露白"，使砧木与接穗形成层对齐，立即用塑料条包严绑紧。

d. 舌接

适用于砧穗粗细大体相同的植株的嫁接，如葡萄等髓心较大的果树常用此方法。注意事项如下：

削接穗：在接穗下芽背面 0.5cm 处，用刀向前斜削一个 3cm 左右的削面，然后在削面的 1/3 处顺着中轴平行方向往上直切，切口深度与砧木深度相同，使斜面下部占 2/3 的一片呈舌状。接穗一般长 6~7cm，带有 2 个芽。

切砧木嫁接：先在距地面 5~20cm 处剪砧，清除剪口下所有分枝，用刀向上斜切，切面长 3cm 左右，然后在砧木的切面距尖端 1/3 处向下纵切一刀，使接口 2/3 处呈舌状，然后将砧穗插合，对准形成层，用塑料条绑紧包严。

②芽接

芽接宜在春、夏、秋三季进行，即在生长季节进行。常用的芽接方法包括 T 型芽接、嵌芽接、方块形芽接等。

a. T 型芽接

又称盾状芽接，通常用于 1~2 年生小砧木，要求树种韧皮部不厚、皮层易脱落、较易成活。注意事项如下：

削芽片：先在芽的下方 05~1cm 处下刀，略倾斜向上推削 2~25cm，然后在芽的上方 0.5cm 左右处横切一刀，深达木质部，用手捏住芽的两侧，左右轻摇掰下芽片。芽片长以 15~25cm 为宜，宽以 0.6~0.8cm 为宜，不带木质部（当不易离皮时，也可带木质部进行嫁接）。

切砧木嫁接：在砧木离地面 3~5cm 处选择光滑的部位作为芽接处，用刀切一"T"字形切口，深达木质部，横切口应略宽于芽片宽度，纵切口应短于芽片宽度。用刀轻撬纵切口，将芽片顺"T"字形切口插入，芽片的上边对齐砧木横切口，然后用塑料条或马蔺从上向下绑紧，但叶柄要露出。

b. 嵌芽接

对于不易离皮或枝条有棱角沟纹的树种可用此法。注意事项如下：

削芽片：先在接穗芽的上方 0.8~1cm 处向下斜切一刀，长约 1.5cm，然后在芽下方 0.5~0.8cm 处斜切一刀，角度呈 30°，到第一刀口底部，取下带木质部的芽片。芽片长 1.5~2cm 为宜。

切砧木嫁接：按照芽片的大小，相应地在砧木上由上而下切一切口，长度比芽片略长。将芽片插入砧木切口中，注意芽片上端必须露出一些砧木皮层，以利愈合，然后用塑料条绑紧。

嫁接方法除了有枝接和芽接外，还有根接和胚芽接等。根接是用根条做砧木，许多果树可用此法在室内嫁接；胚芽接是将接穗嫁接在种子萌生的上胚轴上，适用于板栗、核桃等胚轴粗壮的果树。在国内外许多地区，用嫁接器进行机械化嫁接后，用加热管加速嫁接口愈合，果树嫁接的成活率也很高。针对当地生态调节不适应，或缺乏市场竞争力的品种，劣质低产树及密植园的改造，可采用高接换种方法，即在原有老品种的骨干枝上换接优良品种。这是果树品种更新的捷径。

（6）嫁接后管理

防晒保湿：为了避免接穗失水，嫁接后应采取遮阳措施，如搭棚、套纸袋、接穗涂蜡。一般在苗圃地嫁接多用搭棚遮阳法，将遮阳网设在苗床之上即可。而常绿树种嫁接或高接换头的果树，最好用套袋或伤口涂蜡的方法防晒保湿。

检查成活：芽接后 2 周左右，枝接后 4 周左右即可检查是否成活。检查时，芽接接芽新鲜、叶柄一触即落，为成活的标志；枝接接穗上芽萌发表明成活。对芽接未成活者可予以补接；枝接未成活者可培养砧木萌枝做来年补接。

剪砧：芽接成活后，要在第二年春天发芽前剪砧。应在接芽上 0.5cm 处将砧木减掉，剪口向接芽背后微斜，剪口要平。

除萌：剪砧后，砧木上会陆续萌生许多萌蘗，要及时除去，以免消耗养分和水分。除萌应多次反复地进行。

立支柱：对接穗当年抽出新梢并生长很快的树种，为防风折，可紧贴砧木立一小棍加以固定。

解绑：芽接成活后 2~3 周即可解绑；枝接成活后则应待成活的接穗与砧木伤口愈合后，方可解除绑缚物。

圃内整形：对桃树等果树，当新梢超过定干高度而继续生长时，可进行摘心，促发侧枝。对整形带以下的芽也要随时抹除，以免消耗营养。

其他管理：主要是灌水施肥、松土除草、防治病虫等常规措施，基本与实生苗管理方法相同。

2. 扦插育苗

扦插育苗是利用植物枝条的再生能力，将果树枝条从母株上剪下插于苗床，以促使其生根成活的育苗方法。

（1）两种类型的扦插育苗

根据插条材料的不同，扦插育苗又可分为硬枝扦插和嫩枝扦插。

①硬枝扦插

硬枝扦插是指用充分木质化而且发育良好的枝条作为插穗进行插条育苗。葡萄、石榴等果树常用此法繁殖。具体步骤如下：

a. 采条：要从生长健壮、品种纯正、品质好、无病虫害的成年母树上采集。采时要选发育充实、生活力旺盛的一年生粗壮枝条，不要用徒长枝和细弱枝；采条时间在树木落叶后至萌芽前，树木刚落叶，营养尚未流向根部时采条最好。葡萄不可在萌芽前采条，以防引起伤流。

b. 剪穗：种条采回后，应立即剪穗，长度为 15~20cm，每个插穗上要有 2~3 个饱满芽。剪穗时要注意上端的一个芽一定要饱满，在离顶端芽 1cm 左右处剪成平口，下端切口在最下一个芽 0.5~1cm 处的对侧，下切口最好是斜面，注意剪口要平滑。最后，将接穗按小头直径分成粗、中、细三级，每 50 根或 100 根扎成一捆。捆扎时上下切口方向要一致，以备扦插或贮藏。

c. 贮藏：春季剪穗可随剪随插。如果在冬季采条剪穗，为了保持插穗的活力，可参照种子沙藏的方法，即一层沙一层插穗堆藏或窖藏。沙藏时每隔 1m 竖一束草把透气。

d. 扦插：扦插以春季为主，在土壤解冻后叶芽萌动前即可扦插。在冬季土壤不封冻的地区，可于秋季落叶后随采随插。插时密度视树种和土壤条件而定。树叶宽大、生长快、土壤肥沃的，株距可大些，反之则小些，以生长时树叶互相不重叠为基准。

扦插深度要适当。落叶树种以地上部露出 1~2 个芽，深达插穗总长的 2/3~3/4 为宜；常绿树种扦插深度为插穗总长的 1/3~1/2。

扦插时可以直插或斜插。一般树种生根容易，插穗短、土壤条件较好时用直插；树种生根困难，插穗长、土壤黏重时用斜插。但是斜插会出现偏根现象，不利起苗、包装和栽植。

插前应做好苗床（方法与播种苗要求基本相同）。插时要注意先在苗床上用其他枝条引个洞再插入枝条，同时注意不可倒插。播后要压实插条四周的土壤，并及时浇水，使插穗与土壤密切结合。

②嫩枝扦插

嫩枝扦插是指用尚未木质化或半木质化的带叶新梢作为插穗进行插条育苗。一般来说，凡能用硬枝扦插成活的果树，如葡萄、柑橘、荔枝、龙眼、枇杷、杨梅等，均可用嫩枝扦插。嫩枝扦插比硬枝插易生根，成活率高，但在炎夏季节管理难度较大。

嫩枝扦插多在 6—7 月采条，插条长 10~15cm 为宜。为了有利于生根，减少水分蒸发，基部叶片要去掉，上端可保留顶梢，但上部叶片要剪去 1/3 或 1/2，下切口应在叶或腋芽之下。插条要随剪随插，扦插深度为插条的 1/2。插后要随即喷一次透水，并立即设荫棚遮阳。

（2）影响插条生根的因素

①内在因子

母树的种类：不同树种的生物学特性不同，因而它们的枝条生根能力也不一样。

母树和枝条的年龄：插穗的再生能力是随着母树年龄的增长而降低的，在生产上多选用一年生或二年生实生苗上的枝条。一般当年生枝和一年生枝的再生能力最强，扦插效果最好。

枝条的着生部位及发育状况：树根和干基部萌发的枝条为一年生萌蘖枝条，因着生部位靠近根系，得到的营养物质较多，再生能力强，生根率高。同一枝条，常绿树种一般采用中上部的枝条作为接穗较好；落叶树种硬枝扦插截取下部枝条较好，因该位置枝条发育充分，贮藏养分多，这为生根提供了有利因素。

树体营养水平：枝条所贮藏的营养物质的多少与扦插生根成活率有密切关系，生产上可用增施氮肥、环剥、环割等措施来使枝条积累较多营养物质和生长素，促进根的形成。

②外界因子

温度：插穗生根的最适温度为 20℃。土温高于气温 3~5℃时，对生根极为有利。湿度：空气相对湿度应控制在80%以上，基质含水量应在50%~60%。

氧气：扦插时插穗基质要求疏松透气、清洁、温度适中、酸碱度适宜，要消毒，创造一种通气保水性能好、排水通畅、含病虫少和兼有一定肥力的环境条件。

光照：弱光照条件利于插穗生根，强烈的光照会使插穗干燥或灼伤，降低成活率。在实际工作中，可采取喷水降温或适当遮荫等措施来保持插穗水分平衡。夏季扦插时，最好的方法是应用全光照自动间歇喷雾法，该方法既保证了供水又不影响光照。

（3）促进插穗生根的方法

加温处理：提高插条下段生根部位的温度，降低上端发芽部位的温度，即头凉脚热，可使插穗先发根再发芽。常使用湿木屑、湿椰糠等进行加温。

药剂处理：用各种人工合成的植物生长调节剂对插穗进行扦插前的处理，不仅会使生根率、生根数，根的粗度、长度都有显著提高，而且会使苗木生根期缩短，生根整齐。常用的药剂有吲哚丁酸、吲哚乙酸、萘乙酸等。维生素 B_1 和 C 对某些类的插条生根有促进作用。

机械处理：扦插前进行环剥、刻伤等处理。

黄化处理：对于不易生根的插穗，在其生长初期用黑纸、黑布、黑色塑料薄膜包扎基部，可使叶绿素消失，组织黄化，皮层增厚，薄壁细胞增多，生长素积累，有利于根原体的分化和生根。

（4）扦插后的管理

扦插后，首要的管理工作是保持床土湿润，防止插条在生根之前因叶面水分蒸发过多而失水枯死。所以，硬枝插条育苗出现发芽抽新梢现象时并不一定说明插条已成活，如果不注意浇水保湿，插条往往会因失水量大于吸水量而枯萎，造成育苗失败。在此基础上，要进行除草、追肥、防治病虫害等工作。插条生根前不要施肥；插条生根后，如果是在河沙等插床上扦插的，则可以原地施肥，促其生长。

3. 压条育苗

压条育苗是在枝条与母株不分离的情况下，将枝条压入土中或用泥土包裹，使其生根后再与母株分离，形成独立新植株的方法。扦插不易生根的树种，用此法较好。压条方法有以下三种：

堆土压条：适用于易生萌蘖、树体矮小树种的幼树，如李、樱桃、石榴、无花果等。

曲枝压条：适用于枝条柔软的树种，如葡萄、猕猴桃等。

空中压条：适用于枝条较硬、不易弯曲的树种，如荔枝、龙眼、枇杷、柑橘、杨梅、树菠萝等。

压条一般在树液流动开始旺盛时进行。落叶果树多在 4 月下旬开始压条，常绿果树一般在 6—8 月间压条。注意：入土部分要将枝条表皮用刀割几条伤口，或环剥 0.5cm 枝皮，以利生根。压入土中的枝条应是 1~2 年生强壮枝条，因这种枝条内营养充足，细胞活跃，易产生不定根。

4. 分株繁殖育苗

分株繁殖育苗是把果树的根颈基部、地下茎或水平根上萌发的幼苗与母株分离，使其单独成为新植株的方法。

根蘖分株法：适用于根系容易大量发生不定芽而长成根蘖苗的树种，如枣、樱桃、李、石榴等，一般是在春季 3 月下旬至 4 月上旬进行。方法是：在果树树冠投影区外围挖环状沟，切断所有直径 2cm 以下的小根（大根勿伤，以免影响母树生长），然后在沟中填埋上腐熟的有机肥，并灌水；5—6 月出根蘖苗后去密留稀，加强管理，当年可出圃。

吸芽分株法：如香蕉在生长期能从地下茎上抽生吸芽，菠萝的地上茎叶腋间能抽生吸芽，吸芽和母株分离后能单独成为新植株。此法常年均可进行。

匍匐茎和根状茎分株法：如草莓可产生匍匐茎，其地下部分也能产生新根，二者都可用于进行分株繁殖。

5. 组织培养育苗

植物组织培养是指在无菌条件下，将离体的植物器官、组织或细胞接种于人工配置的培养基上，在一定的光照和温度条件下培养出新植株的育苗方法。组织培养也叫离体培养或试管培养。在培育植物新品种、快速繁殖优良植株、培养无病毒植株和种质的保存与运输等方面，都有实际的意义。我国目前已建立香蕉、柑橘、葡萄、苹果、猕猴桃、枇杷、草莓等数十种园艺植物离体繁殖的生产技术程序，全国各地有数百条各种类型的园艺植物试管苗生产线。

组织培养育苗的过程大体分为七个步骤：培养基的配置→培养基和培养材料的消毒→接种→植株诱导→生根→炼苗→移栽。

6. 无病毒果苗的培育

果树病毒包括病毒、类菌原体、类细菌和类病毒。果树病毒一经感染，果树就终身带毒，只能通过培育无病毒苗和控制病毒传播两条途径来减少病毒的危害和扩散。因此，无病毒苗木的培育具有重要意义。

（1）建立无病毒苗木繁育体系

无病毒苗是指经过脱毒处理和病毒检测，证明确实不带指定病毒的苗木。严格讲，应称为脱毒苗。

无病毒原种的来源：国内外引进→检测→原种→保存；选择优良母株→脱毒→检测→原种→保存。

（2）无病毒苗的培育方法

①脱毒

脱毒指将带有病毒的繁殖材料进行一定处理，清除某些指定病毒后，进行繁殖培养成健康植株。脱毒的方法有以下几种：

a. 热处理：温汤浸渍、高温空气处理、高温蒸汽脱毒。

b. 茎尖培养脱毒：除种子外，茎尖和根尖的分生组织部位大多不含病毒，在切取时只要不超过 0.1~0.5mm，都可获得无病毒植株。

c. 其他组织培养脱毒：可利用不带毒的株心培育。

d. 茎尖微体嫁接脱毒。

e. 热处理结合茎尖培养脱毒。

f. 化学治疗脱毒。

②病毒检测

病毒检测的方法有：利用指示植物检测法、电子显微镜检测法、酶联免疫检测法和分子生物学检测法。

③无病毒苗的保存

无病毒苗保存方法有：组织培养保存、田间原种保存。

7. 容器育苗和保护地育苗

容器育苗和保护地育苗是现代苗木生产的趋势。

（1）容器育苗

在装有营养土的容器中培育苗木的方法叫容器育苗，可用于播种、扦插育苗。此法常在塑料大棚、温室等保护设施中进行。它具有移栽成活率高，不受植树季节限制、节约种子、缩短育苗年限、有利于培养优质壮苗和可进行机械化生产等优点。我国当前容器育苗采用的容器有营养杯、营养砖、营养袋（纸或塑料薄膜的）、营养篮等。

（2）保护地育苗

保护地育苗是运用现代育苗的理论和技术，将育苗工作设置在塑料大棚或温室内进行的育苗方法。该方法打破了果树育苗的区域界线，使南北果树树种得以互换种植。使用该方法可避开冻害、冷害、鸟害、烟害和粉尘污染，可缩短育苗时间，增加单位面积年产苗量，提高经济效益。该方法适应现代化、集约化规模生产要求，可批量快速培育壮苗。

目前，国内保护地育苗设备主要有温室、温床、阳畦冷床、塑料大棚和荫棚等。

地膜覆盖育苗法是将透明的聚乙烯、聚氯乙烯等塑料薄膜裁成一定宽度覆盖在已播种或扦插的苗床上，以促进发芽、出苗的育苗方法。地膜覆盖可以增加地温，调节土温，保墒护墒，防止水土流失，保持土壤疏松，促进土壤微生物活化和酶的活性，改善田间小气候，并能减少杂草滋生，节约生产成本。

①地膜选择

地膜宽度以120~160cm、厚度以0.014mm为好。0.014mm厚的地膜保温、保墒、提墒效果好，残膜易回收，不会造成环境污染。

②覆膜育苗

在播种覆土后，就可以覆盖地膜。插条育苗在苗床做好后就要立即覆盖地膜。如果床土干燥，则应淋透水后再盖。覆膜4周后用土压严地膜，以不见皱纹、不松浮为好。覆盖时不要为节省地膜而使纵向拉伸过大，以免造成地膜破裂。

播种育苗覆膜后，要经常检查护膜。发现刮风揭膜或地膜破口透风，要及时盖严压牢，保证增温保墒效果。幼苗出土时要及时开孔放苗，并随即在膜孔上盖一把湿土，压住苗周地膜；结合放苗，将压在膜下的杂草拔去。

插条育苗时须在扦插前用刀片在插穴处开一"十"字形孔，插后覆土，将地膜切口处盖住，并使其稍微凸起。

③苗期管理

通常，地膜只要同土面紧贴就能抑制杂草。如果地膜覆盖不严，杂草滋生，则必须揭膜拔草后再盖土。追肥时要本着勤、薄、少的原则，用稀薄人粪尿淋施。苗木生长后期残膜已不起作用，一定要集中回收，以防污染环境。

三、苗木出圃

（一）苗木调查

出圃前应对苗木树种和品种、数量、质量进行统计，并申请对苗木进行病虫害检疫，联系用苗或售苗单位，保证出圃后及时装运、销售和定植。

（二）苗木规格

标准苗木出圃时应达到地上部枝条健壮、成熟度好，芽饱满，根系健全、须根多，无病虫等标准。若为嫁接苗，须保证接穗和砧木纯正，无混杂现象。

（三）起苗

1. 起苗时间

起苗一般在苗木的休眠期进行。落叶树种从秋季落叶开始到翌年春季树液开始流动以前都可起苗。常绿树种也可在雨季起苗。春季起苗宜早，要在苗木开始萌动之前起苗，春季起苗可减省假植这一道程序。秋季起苗应在苗木地上部停止生长后进行，因为此时根系正在生长，起苗后若能及时栽植，到春季能较早开始生长。

2. 起苗深度

果树起苗深度要根据树种的根系分布规律确定，宜深不宜浅，过浅易伤根，起出的苗木根系少，会导致栽后成活率低或生长势弱，所以应尽量减少伤根。起苗时，一般在苗木旁 20cm 处深刨，苗木主根及侧根长度应该保持在 20cm 以上，不要损伤苗木的皮层和芽眼。对于过长的主根和侧根，因不便掘起，可以切断。但起苗深度还因育苗方式而异，一般一、二年生播种苗为 18~25cm，扦插苗为 20~35cm。

根幅依苗木树种而定，针叶树播种苗的根幅直径应在 7cm 以上，阔叶树在 10cm 以上。落叶阔叶树大部分可以起裸根苗，起裸根苗不会影响其成活率。而针叶树和大部分常绿阔叶树，因有大量的枝叶，蒸腾量大，加上起苗时会损伤根系，容易使植株体内的水分失去平衡以致死亡，故起苗时要带土球，避免根部暴露在空气中失去水分。土球的大小对苗木的成活率有直接影响。带大土球移植的苗木成活率高，反之则低。珍贵树种或大树还可用草绳缠裹土球，以防散落。带土球挖取的苗木栽后要让土球与土壤紧密接合，使根系快速恢复吸收功能，以提高成活率。

土壤干燥时起苗容易损伤苗木的须根和侧根。为减少损伤苗根，起苗时若苗地土壤太干，应于起苗前 2~3d 灌水一次，这样能使苗木在圃地内吸足肥水，从而有比较充足的营养储备，且能保证苗木根系完整，提高苗木抗御干旱的能力。

（四）苗木分级

为了使生产用苗合乎规格，起苗后应立即在背风的地方按果苗品质优劣分级。一般分为三级；Ⅰ级和Ⅱ级为标准出圃苗；Ⅲ级苗为幼苗，不可出圃，待继续培育；有病虫害、机械损伤，根系发育不良的为废苗。

苗木分级的总体原则：品种纯正，砧木类型一致；地上部分枝条充实，芽体饱满，具有一定的高度和粗度；根要发达，须根多，断根少；无严重病虫害及机械损伤，嫁接口愈合良好。

分级后应将各级苗木捆成捆，便于统计、运输、出售。

（五）苗木检疫消毒

苗木植物检疫是防止病虫害传播的一项重要措施。因此，苗木出圃前要做好检疫工作。苗木输出、输入须通过检疫机关检疫，签发检疫证。育苗单位必须遵守有关检疫规定，带有检疫性病虫害的苗木严禁出圃外运。苗木外运或贮藏前都应进行消毒处理，以免病虫害扩散与传播。消毒时可根据苗木所感病虫种类，有针对性地选用消毒药剂。一般苗木消毒可用 3~5 波美度石硫合剂或 1 000 倍升汞液浸泡 1~3min，然后取出晾干即可。

（六）苗木假植

出圃后的苗木如不能及时定植或外运，应先进行假植，即将苗木根部用湿润的土壤暂时埋植。应选择在地势平坦、背风阴凉、排水良好的地方，挖 1m 宽、60cm 深，东西走向的假植沟，将苗木向北倾斜，摆一层苗木填一层混沙土，忌整捆排放。假植好后浇透水再培土。假植苗木均怕水渍，怕风干，应及时检查。假植总的要求是：疏排、深埋、踏实。常绿果树多随起随栽，一般不进行假植。

（七）苗木的包装和运输

1. 苗木的包装

包装是为了避免在搬运过程中碰伤苗木，防止苗木失水过多或苗根干燥，保证苗木质量。一般常用的包装材料有聚乙烯袋、聚乙烯编织袋、草包、蒲包等。

（1）裸根苗的包装

先将湿润物如苔藓、湿稻草等放在包装材料上，然后将苗木整齐放在上面，并在根间加些湿润物，再将苗木扎成捆，附上标签，注明树种、苗龄、苗木数量、等级及生产单位，此法适用于长距离运输。短途运输的苗木可散放在筐内，筐底放一层湿润物，堆放好苗木后再盖一层保湿物即可。为防止苗木失水，也可在包装前将苗木根系蘸上泥浆（俗称打浆），使根系形成湿润的保护层，该方法能有效地保持苗木水分。

（2）带土球苗的包装

为防止土球在运输过程中散碎，减少根系水分的损失，挖出的土球要立即包装。即先用草绳横腰绕圈捆住蒲包，每绕一圈草绳都要拉紧，使草绳一圈紧靠一圈；围腰草绳捆好后，立即在土球底部边缘挖一圈宽 5~6cm 的水平底，以便打包时用草绳兜住底部。

2. 苗木的运输

苗木运输时，应认真核对所需要的树种、规格、数量等，无误之后再装车运输。装运裸根苗时，应使苗木根向前、梢在后，并在车厢后部垫上草包或蒲包，以免磨损苗干。远距离运输时，要经常检查包内的温湿度，当温度高时要打开包装物通风散热，湿度不够时适当浇水。运到目的地后要立即打开包装假植，也可用冷藏车运输裸根苗，但费用较高。装运土球苗时，如苗高在2m以下，可以将苗木直立放入车厢；2m以上的苗木则应斜放，土球向前，苗干朝后。土球要放稳、垫平、挤严，堆放层次不可太多。冬季调运苗木，还要做防寒保温的工作。

第二节　建园

一、园地的选择和规划

（一）园地的选择和评价

1. 园地选择条件

园地的选址有特殊的要求，一般最好满足以下条件：气候适宜，土壤深厚，改土成本低，水源充足，交通便利，地下水位深度大于15m，无工业废弃物、污水和粉尘污染。其中，首要条件为气候条件，其次为土壤条件。

2. 园地类型和评价

（1）平地果园

平地一般土层深厚，土壤有机质含量较高，灌溉水源充足，建园成本较低，建成的果园管理方便，利于机械化操作。但在地下水位过高的地区必须降低地下水位，抬高栽植。平地果园的缺点是：通风、光照、排水及所产果实的色泽、风味、含糖量、耐贮力不如山地果园。

（2）山地果园

山地空气流通，日照充足，昼夜温差大，排水良好，栽种的果树碳水化合物累积快，果实着色良好，优质丰产。山地果园的缺点是：果树根系分布浅，养分、水分条件差，建园成本高，管理不便，因此必须注意水土保持和土壤改良。

（3）丘陵地果园

丘陵地（丘陵）是一种相对高差在200m以下的地形。其中，相对高差为100~200m的接近于山地，为深丘；100m以下的接近于平地，为浅丘。浅丘高度不大，上下交通方便，较易管理，发展果园较为理想。

（二）果园的规划和设计

1. 园地基本情况调查

社会经济情况：交通、市场、劳动力、加工厂、消费状况等。

果树生产情况：果树种类、分布、生长情况，果园管理水平、面积、产量、主栽品种等。

气候条件：光照、平均温度、极端高温、极端低温、积温、霜期、降水、风等。

地形：位置、面积、海拔、坡度、坡向等。

土壤条件：母岩、成土母质、土类、土层深度、土壤机械组成、土壤 Ph、有机质含量、肥源等。

水利条件：水源、水利设施等。

2. 园区测绘及规划图绘制

果园的规划、设计应在地形图或平面图上进行。因此，进行果园规划并绘制规划图前应先根据果园调查情况绘制地形图。地形图一般要求比例尺为1：1 000，等高距为0.5~1m（如有其他部门绘制的地形图，也可收集整理利用）。地形图绘制完成后开始绘制果园规划图。绘制果园规划图时，一般是将所绘地形图放大并进行标注，采用的方法有网格法或缩放仪法。

3. 园地规划设计的内容

（1）果园小区（作业区）的划分

小区是果园的基本单位，划分时以保证生产用地为前提，以便于管理和采取一致的农业技术措施为原则。

果园小区的面积：气候、土壤条件较一致的园地，小区面积一般为8~12hm^2，丘陵、山地一般缩小为1~2hm^2。

果园小区的形状：一般采用长方形，长短边的比例为2：1~5：1，山地和丘陵地小区一般为带状长方形（等高线）。

（2）道路规划

主路：位置适中，贯穿全园，通常设置在栽培大区之间，路面宽6~7m；平路主路要直，山地主路可环山或呈"之"字形，坡度不超过7%，两边有排水沟。

干路：是小区的分界线，连接主路和小区，与主路垂直，形成"井"字形路，路面宽4~5m。

支路：为人行道，路面宽1~3m。

（3）排灌系统规划

果园排灌系统由引水渠、输水渠、灌溉渠、排水沟（包括拦水沟即集水沟、干沟和总排水沟）组成。设计果园排灌系统，排、灌要有机结合。大型果园设计排灌系统将引水渠设在主路的一侧（另一侧设总排水沟），它与小区均设在干路一侧（另一侧为干沟渠），灌溉渠和集水沟在小区内是一体的，既可用于旱季浇水，又能用于雨季排水。在山地果园中，总排水沟可利用坡面侵蚀沟改造而成。梯田可利用背沟或撩壕的壕沟作为灌溉渠，可在沟内设谷坊，下端为出水口，雨季能排水。平地果园排水和沟灌结合，合二为一，涝时排水，旱时灌溉。水涝、洼地果园，每个行间要挖宽而深的排水沟，具体深度视涝洼程度而定，最终把果园筑成"台田"。

（4）防护林规划

防护林可以降低风速、减少风害、调节温度、提高湿度、保持水土、防止风蚀，也利于蜜蜂活动，提高授粉受精效果。要选择生长快、寿命长、枝叶繁茂、适应性强，与果树无相同病害，或不是果树病虫害中间寄主，不串根，有一定经济效益的树种。我国南方常用树种有马尾松、杉木、樟树、木麻黄、桑、油茶、桉树、台湾相思、竹子等。防护林可以设计成密植结构林带和疏植（透风）结构林带。密植结构林带防风效果较好，但易使冷空气下沉，形成辐射霜冻。所以，一般果园建议设计成疏植（透风）结构林带。

防护林由防止主害风的主林带和防止主害风以外风的副林带构成。主林带一般栽植5~8行，副林带栽植2~4行。乔木按2m×25m株行距、灌木按1m×1m株行距配置。林带风向与果园有害风、经常性的大风风向垂直或有25~30°偏角。

（5）辅助建筑物或设施规划

辅助建筑物或设施包括办公室、车库、工具室、肥料农药库、包装场、果品贮藏库等。一般较大型的果园须进行该项规划。

二、果树的栽植技术

（一）定植前的准备

1. 土壤准备

果树定植前应对定植地进行整地和土壤改良，如进行抽槽改土、深翻改土、起垄改土

（同时施入大量有机肥）。

2．定点挖穴

定植穴最好在栽植前 3 个月挖，以使底土充分风化。按计划栽植密度测出栽植点，平地果园先确定基线，在基线上按行距定点，插上标杆或打上石灰点；再以此线为基线，定出垂直线 2~3 条，在线上按株距定点，插上标杆或打上石灰点，应用"三点成一线"的原理标出各点。山地果园按梯田走向定点。定点后按点挖穴或壕沟，穴深 0.6~1.0m，宽 1.0~1.5m，表土和心土分开堆放。回填时先填表土，并把有机肥、磷肥与其混合放在坑内，后填心土于坑面，并垒成高出地面约 20cm 的土墩。

3．苗木准备

（1）树种品种的选配

①品种优良、纯正，生长健壮，无病虫害，有独特的经济性状。

②适应当地的气候与土壤条件，优质丰产。

③适应市场需要，经济效益高。

（2）授粉品种的选择与配置

①与主栽品种同时开花、结果，经济寿命相近。

②能产生大量发芽率高的花粉，与主栽品种授粉亲和力强。

③能与主栽品种相互授粉，否则配置第二授粉树。

（3）授粉品种的配置方式

授粉树在平地果园中采用中心式、行列式栽植方式，在坡地上采用等高式栽植方式。

待以上三项确定之后，须按果园建设种植计划，订好苗木。栽植前进一步核对品种和苗木分级；经长途运输的苗木，定植前应立即解包分级，剔除畸形苗、弱苗、带病苗，并浸根一昼夜，待充分吸水后再栽。

（二）定植

1．栽植时期

栽植时期应根据果树生长特性及当地气候条件来确定。落叶果树自落叶开始到第二年春季萌芽前均可栽植。但冬季无严寒地区以秋栽为宜，秋栽利于根系恢复；冬季严寒地区以春栽为好。

常绿果树在地上部生长发育相对停止时定植，华南一般秋植（8—9 月），华中秋植（9—10 月）或春植（2—3 月）。

2. 栽植方式

长方形栽植或方形栽植：优点是通风透光，便于机械作业；适合间种、套种、大面积栽培。

三角形栽植：可提高单位面积上的株数，耕作管理方便。

带状栽植：带距为行距的 3～4 倍，群体抗逆性强。

等高栽植：坡地、梯田宜采用。

3. 栽植密度

确定栽植密度的依据：树种、品种和砧木的特性、立地条件、栽培技术。

计划密植：将永久树和临时加密树按计划栽植，当果园将要密闭时及时缩剪、间伐或移出临时加密树。

4. 栽植技术

栽前先将苗木较粗的根系伤口剪平，其他须根尽量保留，严禁大量疏除根系，以免影响苗木质量（若有绑扎物，须去除，但不能弄散土团）；将混好肥料的表土填一半于坑内，并堆成丘状；将苗木放入坑内，使根系均匀舒展地分布于土丘上，同时使株、行对齐；将另一半混肥的表土填入坑内，每填一层均压实，并轻轻提动苗木使根系与土壤密接；将新土填入坑内上层，最后培土，高度为高于原地面 20～30cm；在苗木树盘四周筑一环形土埂，并立即灌水。定植完成后，嫁接苗的嫁接口一定要露出地面。

(三) 栽植后的管理

1. 灌水

定植当天必须灌足水（渗到 0.8～1m 深）；定植后视晴雨状况适当浇水，保持树盘湿润，直至苗木成活。可在树盘盖草或盖地膜，幼树还须防寒和保证安全越冬。

2. 定干与修剪

定干：定植后及时定干，一般定干高度为 0.6～0.8m，根据树种不同而异。

修剪：整形带内要有饱满芽，如无芽须在二次枝上留两三芽剪截。

3. 病虫害防治

定干后及时喷 5 波美度石硫合剂或 1 000 倍氧化乐果加 600 倍甲基托布津液一次。

4. 套袋与盖地膜

套袋：定干喷药后用塑料袋套干，分三段捆住，并在树干基部用土压住。

盖地膜：灌第二次水后，在两周 1m² 范围内用地膜盖住并用土将膜四周压实，防止风将其吹起，以达到土壤增温、保湿作用。

5. 抹芽

整形带以下萌芽须及时抹除。

6. 去除套袋

萌芽后，将萌芽部位剪一孔洞，以使嫩芽接受通风锻炼并便于枝芽从孔中钻出生长，雨季来临时将套袋全部解除。遇到旱年，须于 6 月时补水 1~2 次。

第三节　果园管理

一、果园土肥水管理

（一）果园土壤管理

1. 果园土壤改良

南方果树普遍种植在山地、坡地上，果园土壤板结、贫瘠，呈酸性。这会严重影响果树的生长、产量和品质。故果苗栽植后，须进一步加大对果园土壤的管理，使果园土壤达到深、松、肥。深，即果园土层深厚，深度在 1m 以上；松，即土壤疏松透气、结构良好；肥，即土壤有机质丰富，含量达 2% ~ 7%，氮、磷、钾、钙、镁等元素的含量在中等以上。土壤改良的途径有深翻熟化、开沟排水、培土。

（1）深翻熟化

①深翻对土壤的作用

深翻可改善根系分布层土壤的通透性和保水性，再结合增施有机肥，可改良土壤的团粒结构，改善土壤的肥、水、气、热状况，提高土壤肥力，利于根系良好生长。

②深翻时期

土壤深翻一年四季都可以进行，但秋季深翻的效果最好。春、夏季深翻可以促发新根，但可能会影响到果树地上部的生长发育。秋季深翻一般结合秋施基肥进行，而且，深翻后如果立即灌水，还有助于有机物的分解和促进根系的吸收；春季深翻应在萌芽前进行，以利于新根萌发和伤口愈合；夏季深翻应在新梢停长和根系生长高峰之后进行；冬季深翻的适期较长，但在有冻害的地区应在入冬前完成。

③深翻深度

深翻的深度应略深于果树根系分布区，此外还须考虑果园土壤结构和土质状况：山地、黏性土壤、土层浅的果园宜深翻；沙质土壤、土层厚的果园宜浅翻。果园深翻深度一般要达到 80~100cm。

④深翻方式

根据树龄、栽培方式等具体情况应采取不同的深翻方式。通常采用的土壤深翻方式有三种：

深翻扩穴：多用于幼树、稀植树和庭院果树。幼树定植时沿树冠外围逐年向外深翻扩穴，直至树冠下方和株间土壤全部深翻完为止。此操作可分多次进行。

隔行深翻：用于成行栽植、密植的园地和等高梯田式果园。每年沿树冠外围隔行成条逐年向外深翻，直至行间全部翻完为止。这种深翻方式的优点是当年只伤及果树一侧的根系，以后逐年轮换进行，对树体生长发育的影响较小。等高梯田果园一般先浅翻外侧，来年再深翻内侧，并将土压在外侧，可结合梯田的修整进行深翻。

全园深翻：将栽植穴以外的土壤一次深翻完毕。此操作利于果园耕作，但一次所需要的劳力较多。

（2）开沟排水

地下水位高的平地、沙滩、海涂、盐碱地果园，每到雨季土壤湿度就会超过田间最大持水量，根系常处于浸水状态，容易缺氧，产生许多有毒物质，致使果树生长不良，树势衰退，甚至死亡。这类果园应开沟排水，降低地下水位。盐碱地果园还须定期灌溉，通过渗漏将盐碱排至耕作层之外。

（3）培土

果园培土有增厚土层、保护根系、增加肥力、压碱改酸和改良土壤结构的作用。培土是把所培的土与原来的土壤结合。黏性土质的土壤保水保肥能力强，应培含沙质较多的疏松肥土。沙质土应培些塘泥之类的黏重肥土。培土厚度以 5~10cm 为宜。

2. 果园土壤耕作

（1）幼龄树果园耕作

幼龄树果园土壤管理制度可采取幼树树盘管理、果园间作等形式。

①幼树树盘管理

幼树树盘即树冠投影范围。树盘内的土壤可采用清耕法、清耕覆盖法管理。清耕深度以不伤根系为限，覆盖物的厚度一般在 10cm 左右。

②果园间作

幼龄树果园行间空地较多时可间作。可间作的作物有花生、大豆及其他蔬菜和绿肥（如苕子、三叶草等）。

（2）成年树果园耕作

成年树果园土壤管理制度可分为四种基本形式：清耕法、生草法、覆盖法、免耕法。

①清耕法

清耕法又叫清耕休闲法，即在果园内除果树外不种植其他作物，利用人工除草的方法清除地表面的杂草，以保持土地表面的疏松和裸露状态的一种果园土壤管理制度。该法可以改善土壤的通气性和透水性，促进土壤有机物的分解，增加土壤速效养分的含量。而且，经常切断土壤表面的毛细管可以防止土壤水分蒸发，去除杂草可以减少杂草与果树对养分和水分的竞争。但长期采用清耕法会破坏土壤结构，使有机质迅速分解，从而降低土壤有机质含量，导致土壤理化性状迅速恶化，地表温度变化剧烈，加重水土和养分的流失。清耕法一般在秋季深耕，春季多次中耕，并须对果园土壤进行精耕细作。

②生草法

生草法是在果园内除树盘外，在行间种植禾本科、豆科等草种的土壤管理方法。它可分为永久性生草和短期生草两类：永久性生草是指在果园苗木定植的同时，在行间播种多年生牧草，定期收割，不加翻耕；短期生草一般选择一、二年生的豆科和禾本科草类，逐年或越年播于行间，待果树花前或秋后刈割。生草法可保持和改良土壤理化性状，增加土壤有机质和有效养分的含量，防止水分和养分流失，改善果园地表小气候，降低冬夏地表温度变化幅度，还可降低生产成本，有利于果园机械化作业。

③覆盖法

覆盖法是利用各种覆盖材料，如作物秸秆、杂草、薄膜、沙砾和淤泥等对树盘、株间、行间进行覆盖的方法。

④免耕法

对果园土壤不进行任何耕作，而是使用除草剂来去除果园的杂草，使果园土壤表面呈裸露状态，这种无覆盖、无耕作的土壤管理制度称为免耕法。免耕法保持了果园土壤的自然结构，有利于果园机械化管理，且施肥、灌水等作业一般都通过管理道进行。

常用的除草剂有草甘膦（农达）、阿特拉津、西玛津、百草枯（克无踪）、茅草枯、农思它（恶草酮）。使用除草剂时，应参照说明书严格控制浓度；不宜在天气过干时使用除草剂，否则会因杂草气孔关闭而降低药效。喷洒时不要离果树和其他作物太近，以免产生药害。

（二）果园肥水管理

1. 果园施肥

果园施肥要注意施肥的种类、数量、时期和方法的合理性。

（1）施肥的依据

①形态诊断

形态诊断即依据果树的外观形态，如叶片大小、厚薄、颜色、光亮程度，枝条长度、粗度、芽眼饱满程度，果实大小、品质、风味、产量等指标，判断果树某些元素的丰缺。形态诊断要求经营人员具有丰富的实践经验。

②叶分析

果树的叶片能及时准确地反映树体营养状况，各种营养元素在叶片中的含量，直接反映树体的营养水平。分析叶片，不仅能结合肉眼能见到的症状，分析出各种营养元素的不足或过剩，分辨两种不同元素引起的相似症状，而且能在症状出现前及早测知。因此，可通过分析测定叶片中的营养元素的含量来判断树体的营养状态，并以此来指导施肥。

③土壤分析

土壤分析即分析土壤中各种营养元素的有效含量和总含量。土壤中元素的有效浓度在一定范围内与树体中养分含量有一定的相关性。

④果树需肥规律和肥料性质

果树种类众多，各类果树由于生物学特性的不同及商品性质的差异，都有其自身的营养特点和需肥特点。但果树在一年中对肥料的吸收，总会出现几次高峰期，而需肥高峰期一般与果树的物候期平行，果农可根据果树各物候期的需肥特点进行施肥。肥料选择一般遵循：新梢生长期需氮量较高，需磷的高峰期在开花、花芽形成时及根系生长第一、第二次高峰期，需钾高峰期则出现在果实成熟期。

⑤生化诊断

当果树的某些营养失调时，将影响体内一些生化过程的速度和方向，引起体内酶活性的变化。因此，生产上可通过对各种酶活性的测定来确定缺素类型，适时补充所缺肥料。

（2）施肥种类和时期

①基肥

基肥以有机肥料为主，再配合完全的氮、磷、钾和微量元素。这是较长时期供给果树多种营养的基础肥料。果园施肥应以基肥为主，肥施用量应占当年施肥总量的70%以上。基肥一般在果实采收后的秋季施入。广东、广西、福建、云南等地，落叶果树在落叶后至发芽 1 个月前施入，常绿果树在 11 月至翌年 1 月施入为好。

②追肥

追肥又叫补肥，是果树急需营养的补充肥料。在土壤肥沃和基肥充足的情况下，没有追肥的必要。当土壤肥力较差或采收后未施入充足基肥时，树体常常表现出营养不良的状态，适时追肥可以补充树体营养的短期不足。追肥一般使用速效性化肥。追肥时期、种类和数量掌握不好，会给当年果树的生长、产量及品质带来严重的影响。幼树追肥次数宜少，成年果树每年追肥 3~4 次。追肥主要考虑以下四个时期：

催芽肥（又称花前肥）：果树早期萌芽、开花、抽枝展叶都要消耗大量的营养，此时树体处于消耗阶段，在不施肥的情况下，主要靠消耗上一年的贮藏营养维持生长。此时若施肥，可促进春梢生长，提高坐果率和枝梢抽生的整齐度，促进幼果发育和花芽分化。催芽肥以氮肥为主，适量配施磷肥。

花后肥（又称稳果肥）：在谢花后坐果期施用。幼果生长和新梢生长期，果树需肥多。这一阶段，上一年的贮藏营养已经消耗殆尽，而新的光合产物还未大量形成。此时除施氮肥外，还应补充速效磷、钾肥，以提高坐果率，使新梢充实健壮，促进花芽分化。

果实膨大期追肥（壮果肥）：通常在果实迅速膨大、新梢第二次生长停止时施用。施肥的目的在于促进果实膨大，提高果实品质，充实新梢，促进花芽继续分化。此时是追肥的主要时期，氮、磷、钾肥配合施用，以磷、钾肥为主。

采果肥：在果实开始着色至果实采收前后追施氮、磷、钾比例适宜的肥料，不仅可促进果实生长，提高果实产量和品质，促进花芽继续分化，还可延迟果树落叶，提高树体营养水平。对荔枝、龙眼等常绿果树来说，一般在果实采收后追肥。此时施肥可恢复树势，促进秋梢抽生，为来年培养结果母枝。肥料以氮肥为主，并配以磷、钾肥。

（3）施肥量

施肥量依树种、树龄、树势、产量、土壤肥力、肥料种类而定。确定施肥量的方法有经验施肥法、叶片分析法、田间试验法、测土配方法。南方一般采用测土配方法。

（4）施肥方法

施肥方式以土壤施肥为主，根外追肥为辅。

①土壤施肥

果树根系分布的深浅和范围大小依果树种类、砧木、树龄、土壤、管理方式、地下水位等的差异而不同。一般幼树的根系分布范围小，肥可施在树干周边；成年树的根系从树干周边扩展到树冠外，成同心圆状，因此 1~3 年生的幼树应在树盘内施肥，成年结果树应在树冠投影沿线（滴水线）或树冠下骨干根之间施肥。基肥宜深施，追肥宜浅施。常见土壤施肥方法有：

环状沟施肥：即沿树冠外围投影线处挖一环状沟施肥，多用于幼树。

条沟施肥：即对成行树和矮密果园，沿行间的树冠外围挖沟施肥。此法适于机械操作。

放射状沟施肥：即沿树干向外，隔开骨干根并挖数条放射状沟施肥，多用于成年大树和庭院果树。

穴状施肥：在树冠滴水线处或其外沿每隔 50~60cm 挖深 30~40cm、直径 30cm 左右的小穴施肥，肥料须与土壤混匀后再回填盖土。

全园施肥：全园撒施后浅翻。

②根外施肥

叶面喷肥：即将一定浓度的液肥喷施到叶片或枝条上的一种施肥方法。其特点是所用肥料少，肥效快，肥料利用率高，方法简单易行，并可结合喷施农药进行，从而降低成本，但肥效短。

叶面喷肥在解决急需养分需求方面最为有效。例如，在花期和幼果期喷施氮肥可提高坐果率，在果实着色期喷施过磷酸钙可促进着色，在成花期喷施磷酸钾可促进花芽分化，等等。叶面喷肥在防治缺素症方面也具有独特的效果，特别是硼、镁、锌、铜、锰等元素叶面喷肥效果最明显。

为提高叶面喷肥的效果，选择合适的喷施时间和部位非常重要。此外，应避免在阴雨、低温或高温曝晒天气喷施叶面肥，一般选择在上午 9—11 时和下午 3—5 时进行。在幼嫩叶片和叶片背面喷施叶面肥，可以增进叶片对养分的吸收。

树干注射施肥：利用器械持续高压将果树所需的肥料强行注入树体。这种方法所用肥料少，肥效快，肥料利用率高，持续时间长，不污染环境。

2. 果园水分管理

（1）灌水依据

果园灌水要"三看"：看天、看地、看树。一般春旱、夏涝、秋旱天气，可采用前期灌水、后期灌水、中期控水的策略，有雨情可以先不浇水。土壤适宜含水量为 60%~80%，若小于 60% 就应考虑灌水。土壤的含水量可以用仪器测定。沙土地保肥水能力差，浇水宜少量多次，以免水分流失。不同树种对水分要求不一样，苹果、梨、葡萄、桃等果树需水量比枣、柿、板栗、银杏需水量大。大树比小树需水多。不同物候期对水分要求也不一样。生长期需水多，休眠期需水少；生长期前期需水多，后期需水少。生长期灌水应该遵照前期大量、中期适当、后期满足的原则。

（2）灌水时期

灌水时间要根据果树一年中的需水情况，结合气候特点和土壤水分变化的规律综合考虑，应将重点放在果树需水多且降水稀少的春末和夏初时期。此外，灌水时间还应与果园施肥时间有机结合，以保证肥料的吸收和利用。丰产果园灌水主要注重以下四个时期：

①萌芽开花期（花前水）

萌芽开花期灌水于芽萌动至开花前进行，灌 1~2 次。这个时期灌水不宜过大，以防延缓地温上升。如上一年越冬水足或冬季降水多，土壤不旱，也可以不灌。

②新梢生长期

新梢生长期灌水在花后半月至生理落果前进行。此期树体生理机能旺盛，新梢、幼果快速生长，对水分、养分变化十分敏感，是果树需水的临界期。此时，及时灌水可促进新梢生长，提高坐果率，而且对后期花芽分化也有良好作用。此期常值南方的梅雨季节，除注意供给土壤水分外，还须注意排水。

③果实膨大期

果实膨大期是多数落叶果树果实膨大和花芽大量分化的时期。此时果树需水较多，须及时灌水。

④采果前后至土壤冻结前

采果前后至土壤冻结前应结合秋施基肥和果园深翻改土进行灌水，目的在于保证根土密接，促进根系迅速恢复生长；如秋雨多，亦可不浇，但在土壤封冻前要灌一次透水，叫封冻水。此水不仅能保证果树冬季对水分的需要，减轻抽条现象，而且有利预防冬春冻害的发生。注意：在果实采收前不宜灌水，以免降低果品质量和引起落果。

（3）灌水量

适宜的灌水量指，在一次灌水中，使果树根系分布范围内的土壤湿度达到最有利于果树生长发育的程度。一般应渗透根系分布层 80~100cm。

（4）灌水方式方法

生产中应用的灌溉方式可以归纳为四种类型，即地面灌溉、渗灌、喷灌和滴灌。

①地面灌溉

地面灌溉只需要很少的设备，投资少，成本低，是生产上最为常见的一种传统的灌溉方式，包括树盘灌水或树行灌水、沟灌、漫灌、穴灌等，是我国目前使用最普遍的灌溉方式。但使用此灌溉方式，水资源浪费十分严重，土壤湿度变化大，处于果树最佳湿度区间的时间短，对果树生长发育不利。

②渗灌（地下灌溉）

在地下埋设专用输水管道和渗管，让水从管壁小孔或毛细孔中慢慢渗出，通过土壤毛细管作用，使周围土壤达到一定湿度的灌溉方式，称为渗灌。渗灌节水效率高，能保持土壤疏松结构，不产生地表径流和蒸发损失，又不占耕地，还可用于施化肥。

③喷灌

喷灌又称为人工降雨，是利用喷灌设备将水在高压下通过喷嘴喷至空中降落到地面的一种半自动化的灌溉方式。喷灌可以结合叶面施肥、药物防治病虫害等管理措施同时进行。该方法具有节约用水、易于控制、省工高效等优点，且不破坏土壤结构，能冲刷植株表面灰尘，调节小气候，适用于各种地势。但其设备投入较大，在风大地区或多风季节不能应用。应用喷灌方式灌溉时雾滴的大小要合适。

④滴灌

滴灌是利用水渠压力，通过配水管道，将水送达地下管道，在低压管道系统中送达滴头，使水成滴状和小细流滴注入土中而进行的灌溉。该方式具有可持续供水、节约用水、不破坏土壤结构、维持土壤水分稳定、省工省时等优点，适用于各种地势，其土壤湿润模式是植物根系吸收水分的最佳模式。

喷灌和滴灌时要特别注意灌溉水中不能含有泥沙和藻类物质，否则会堵塞喷头和滴头。

3. 果园排水

按照果园规划要求，园内要设有明沟和暗沟排水，以便将水及时排除园外。排涝要彻底，已经受涝害的果树，首先要排除积水，在根颈部位扒土晾晒，及时松土散墒，使土壤通气，使根系机能尽快恢复。

明沟排水：此方法是目前我国大量应用的传统方法，即在地表面挖沟排水，主要用于排除地表径流。

暗沟排水：此方法多使用在不宜开沟的栽植区，一般通过地下埋藏暗管来排水，形成地下排水系统。暗沟排水不占地，不妨碍生产操作，排盐效果好，养护任务轻，但设备成本高，根系和泥沙易进入管道引起管道堵塞。

井排：此方法对于内涝积水地排水效果好，黏土层的积水可借助大井内的压力向土壤深处的沙积层扩散。

此外，机械抽水、排水和输水管系排水方法是目前比较先进的排水方式，但由于技术要求较高且不完善，所以应用较少。

二、整形修剪

（一）整形和修剪的概念

整形：通过修剪的手段配置和调整植株的树体结构，将植株培养成需要的树形，以承担高额产量。

修剪：在整形的基础上，采用多种措施，对扰乱果树树形的枝条进行剪截或做处理，以促进或抑制某些枝条的生长发育，调节生长和结果的关系。

整形是通过修剪来实现的，修剪又必须在整形的基础上进行。整形、修剪是两个相互依存、不可分割的操作技术。

（二）整形和修剪的任务

对果树进行整形和修剪是为了培育良好的树冠骨架，使冠内通风透光，减少病虫害，调节各器官的数量、质量，调节养分的吸收、运转和分配，从而调节果树生长与结果的关系，提高果实产量和品质，克服大小年情况。整形和修剪还能使幼树提早结果，延长结果年限。

（三）整形和修剪的原则

整形的基本原则是：因树修剪，随枝做形，有利结果，注重效益。整形中应做到：长远规划、全面安排、平衡树势、主从分明。在整形的构造上，既要满足早期结果的需要，又要顾及长期稳产与长远效益，做到整形与结果两不误。修剪的原则是：以轻为主，轻重结合、因树制宜、效率优先。修剪要做到：抑强扶弱、正确促控、枝组健壮、高产优质。修剪的最大原则是保证最大效益。

（四）果树常用树形

果树树形分为有中心干形（疏散分层形、纺锤形、圆柱形、圆头形……）、无中心干形（自然开心形、自然圆头形、杯状形、丛状形……）、篱架形和棚架形。各类果树树形还可结合果树生长环境、自身特性进行改良。

总体上的丰产树形应该是有矮而疏散、开张的树冠。我国生产上常见的丰产树形以小冠形为主，树冠直径一般大于 350cm，小于 400cm。仁果类常用疏散分层形，核果类常用自然开心形，常绿果树如荔枝、龙眼、柑橘等常用自然圆头形，藤蔓类常用棚架形和篱架形。

（五）几种常见树形的整形方法

1. 自然圆头形

（1）定干

苗木定植第一年春季萌芽前，当苗长到 60~80cm 高时，进行摘心或短截定干。一般定干高度为 40~60cm，定干以下 20cm 处为主枝分枝带。

（2）培养主枝

主干以上为整形带，在整形带萌发的春梢中，选留向四周均匀分布的 3~5 个新梢留做主枝，其余嫩梢应抹掉。主枝间要有一定距离，相距 10~20cm，并互相错开，各主枝与主干延长线夹角为 40~50°。如果角度不合适，可用绳子拉开或用竹棍撑开。

（3）培养副主枝

各主枝长至 40cm 左右时（一般有 8 片健壮叶）摘心，促进主枝成熟和抽生夏梢。从抽生的夏梢中培养两个副主枝和主枝延长枝。两个副主枝须着生于主枝两侧，并有一定间距，同时靠近主枝基部的副主枝离主枝基部也要有一定距离。

（4）辅养枝的培养及处理

由各层副主枝抽生的枝条为辅养枝，可成为结果母枝枝组。辅养枝可扩大叶面积，从而增加光合面积，积累营养，供果树生长结果。这些枝条须在长至 30cm 左右时再摘心，以促发分枝。如此继续让它不断分枝，到分枝 6~8 次时，果树就会形成较理想的树冠骨架。

2. 自由纺锤形

自由纺锤形树冠开张，树势缓和，成形快，结果早，通风透光。该树形树高 3m 左右，一般在苗高 80~100cm 时定干，干高 50~60cm，留 30cm 整形带。萌芽前后整形带以下的芽应抹除，并在需要发出主枝位置刻伤，促发长枝。中心干通直延伸，其上均匀分布 10~12 个主枝。主枝单轴延伸，不分层，螺旋式排列，主枝基角为 80~90°，几乎水平。下部主枝长 1.5~2m，上部依次变短，下部相邻主枝间距为 15~20cm，上部间距为 20~30cm。侧枝粗度是母枝的 1/3~1/2，如果超过 1/2 应疏除。可在主枝上培养斜生、水平、下垂的中小型结果枝组。该树形一般 4 年即可成形。

3. 疏散分层形

疏散分层形树高 4~6m，有明显的中央领导干，干高 50~70cm，全树 5~7 个主枝，分 2~4 层分布在中央领导干上。第一层一般留 3 个主枝，夹角为 120°，层内距为 20~40cm，每个主枝选留 2 个侧枝，第一侧枝距主枝基部 60~80cm，第二侧枝在距第一侧枝 50cm 处的对面配置；第二层主枝距第一层 80~100cm，一般留 2 个主枝，层内距为 20~30cm，每个主枝选留 1 个侧枝；第三层主枝距第二层 30~50cm，一般留 1~2 个主枝，主枝上不配置侧枝，直接着生结果枝组。整形时注重"主枝放出去，辅养枝缩回来"，主枝大，辅养枝小，从属关系较明确。

4. 自然开心形

培育自然开心形树须在苗高 1m 时剪去顶梢，剪口留壮芽，以后随着新梢的生长，逐个选留枝。一般在距地面 30~40cm 处选留第一个主枝，在其上 20~30cm 的地方选留第二个主枝，剪口下面的芽萌发抽生的枝条一般培养成第三个主枝。三大主枝要均匀分布，不要轮生，彼此之间要有一定的距离。选留主枝后继续培养主枝延长枝，并在主枝上配置 1~3 个副主枝，同时在骨干枝上再配置各种枝组结果。

5. 篱架形

篱架形树形的离架与地面垂直，沿行向每隔一定距离设立支柱，支柱上拉铁丝，形状类似篱笆，我国华北、西北、华中及辽南地区广泛应用。生产中常用篱架又分为单篱架、双篱架。

单篱架：架高一般为 1.5~2.0m，架上拉铁丝 1~4 道，每隔 40~60cm 拉一道铁丝。架的高低及拉铁丝道数可根据品种、树势、整枝形式、气候条件等因素加以伸缩。品种生长势强、土壤肥沃或进行扇形整枝时需要较高大的篱架。定植当年每株选留一条新梢，将新梢垂直引缚于架面上，新梢生长到 1.5m 时摘心。秋后修剪时先将母枝引缚于第一道铁丝上，呈水平状，并在两株交接处剪截；第二年春在母枝水平方向上每相距 20cm 选留一个壮芽，壮芽之间的芽全部抹掉；生长的新梢向上引缚，如同一只只手臂向上延伸，同时将靠近基部的新梢疏去花序，留做预备枝。

双篱架：篱架的结构基本上与单篱架相似，不同的是多一道篱壁，果树栽在两道篱壁当中，枝蔓分别引缚在两边篱架的铁丝上。

6. 棚架形

棚架形树形须在垂直的立柱上架设横梁，横梁上牵引铁丝，形成一个水平或倾斜的棚面，果树枝蔓均匀地分布在棚面上。根据棚面的大小，棚架分为大棚架和小棚架。

大棚架：架长或行距在 6m 以上者称为大棚架，一般架根高 1~1.5m，架梢高 2~2.4m，架面略呈倾斜状，架长 8~15m。

小棚架：架长或行距在 6m 以下的称为小棚架，一般行距为 5~6m。水平式架面，架面宽度为 1.8~2m；倾斜式架面，架根高 1.5m 左右，架梢高 2~2.2m。

（六）果树修剪的时期和方法

果树修剪一般分为休眠期（冬季）修剪和生长期（夏季）修剪。不同时期修剪有不同的任务，其方法及修剪量也完全不同。

1. 冬季修剪

冬季是多数果树的主要修剪时期。冬季修剪是指从果树落叶到翌年萌芽前所进行的修剪。常绿果树冬剪宜在春梢抽生前、老叶最多且将脱落时进行，此时树体贮藏养分较多，剪后养分损失较少。其目的是增强分枝能力，控制发枝部位，建造树冠骨架，培养和更新复壮结果枝组，协调结果和生长的关系。冬剪常用的方法有缓放、短截、疏枝、回缩、刻伤。

（1）缓放

也叫长放（相对于短截而言的），即不剪一年生枝。缓放利于缓和枝势、积累营养，有利于花芽形成和提早结果。

（2）短截

是指将一年生枝剪去一部分。按剪留量区分，短截有轻短截、中短截、重短截和极重短截四种类型。适度短截对枝条有局部刺激作用，可以促进剪口芽萌发，达到分枝、延长、更新、抑制目的；但短截后总的枝叶量减少，有延缓母枝加粗的作用。

轻短截：剪除部分为一年生枝长度的 1/4。轻短截保留的枝段较长，侧芽多，养分分散，可以形成较多的中短枝，使单枝自身充实中庸，枝势缓和；有利于形成花芽，修剪量小，树体损伤小，对生长和分枝的刺激作用也小。

中短截：多在春梢中上部饱满芽处剪截，剪掉春梢的 1/3~1/2；截后分生中、长枝较多，成枝力强，长势强，可促进生长。中短截一般用于延长枝、培养健壮的大枝组或更新衰弱枝。

重短截：多在春梢中下部半饱满芽处剪截，剪口较大，修剪量亦大，对枝条的削弱作用较明显。重短截后，剪口下一般能抽生 1~2 个旺枝或中长枝，即发枝虽少但较强旺，多用于培养枝组或品种嫁接更新。

极重短截：截到枝条基部芽上，能萌发 1~3 个中短枝，一些修剪反应敏感的品种在极重短截后也能萌发旺枝。

（3）疏枝

又叫疏剪，即把枝条从基部剪除，一般用于疏除病虫枝、干枯枝、无用的徒长枝、过密的交叉枝和重叠枝。疏枝的作用是改善树冠通风透光条件，提高叶片光合效能，增加养分积累。疏枝对全树有削弱生长势的作用。

（4）回缩

又叫缩剪，指从分枝处短截多年生枝，作用是使多年生枝改变生长势，改变枝条部位和延伸方向，改善通风透光条件。回缩的部位和程度不同，其修剪反应也不一样。在壮旺分枝处回缩，一般是去除前面的下垂枝、衰弱枝，这样可抬高多年生枝的角度并缩短其长度，使分枝数量减少，有利于养分集中，从而起到更新复壮作用；在细弱分枝处回缩则有抑制其生长势的作用。多年生枝回缩一般伤口较大，保护不好也可能削弱锯口枝的生长势。

（5）刻伤

用刀在芽的上（或下）方横切韧皮部，深及木质部。刻伤有利于刀口以上部位的营养积累，可抑制生长，促进花芽分化，提高坐果率，刺激刀口以下芽的萌发和促生分枝。

2. 夏季修剪

夏季修剪也称绿枝修剪，一般在生长期进行，以 5—8 月为最佳。夏季既是果树消耗养分和制造养分的旺盛时期，也是营养生长和生殖生长矛盾最突出的时期，因此修剪量不宜过大，须分期进行，以免因修剪过重、去枝过多而削弱树势或造成冒条；此外，修剪要及时、适度。夏季修剪的主要作用是促进成花，主要对象是幼树、旺树和旺枝。

摘心：在新梢旺长期，摘除新梢嫩尖部分。摘心可以消除顶端优势，促进其他枝梢的生长和副梢的形成，增加中短枝数量，还可以促进有些树种、品种提早形成花芽。

拿枝：新梢半木质化时，对于一些长势强旺的较大枝条，用左手握平枝条，右手向下握折枝条，折伤木质部，从基部软拿到顶部。拿枝具有缓和枝势、增加养分积累的效果，对提高枝条来年萌芽率，促进中短枝形成，促进成花有显著作用。

扭梢：新梢半木质化时，在新梢基部 $3\sim5cm$ 处将枝条扭转 $180°$，使新梢水平延伸或者下垂。扭梢一般在辅养枝上用得较多，可以阻碍养分和水分的流动，缓和树势，促进花芽形成。一般一棵树上被扭梢新梢数量控制在 $20\sim25$ 个为宜。

刻芽：又称目伤，即在枝或芽的上（或下）方 $0.2\sim0.3cm$ 处，用刀或剪刻一月牙形切口，深达木质部。刻芽对于幼旺树枝量的增加效果显著。刻芽时主枝剪口下头四个芽不刻伤，余下芽取枝两侧的每 $10\sim15cm$ 一刻伤，背上及背下芽不处理。对于辅养枝，直立枝可逢芽必刻，枝角稍平，枝粗小于 $0.3cm$ 或大于 $1.5cm$ 的枝不宜刻伤。

抹芽、除萌：萌芽后将芽用手抹除叫抹芽；除萌亦称除萌蘖，指将树体上由隐芽萌发的一些枝条从基部疏除。抹芽除萌有助于减少枝条数量，节约养分，提高留用枝的质量，促进留用枝老熟、充实。

环剥：指在枝基部3~5cm处，剥去一圈树皮。剥宽为被剥枝剥皮处直径的1/10~1/8，一般最宽1cm，最窄0.3cm。环剥可有效积累养分，促进花芽形成。环剥是一项技术性强的"外科手术"，一般只在幼、旺树和多年不结果的树上及已被确定为临时树的旺枝上进行。

环割：即利用环割剪在辅养枝基部5~6cm处割一圈，深达木质部。如果树体生长旺盛，而且多年结果少或不结果，可连割2~3刀。环割时环割剪一定要拿平，要垂直割，不可斜割，避免因伤口过大，当年愈合不了而导致死枝。

3. 春季修剪

在春季萌芽后到开花前进行的春季修剪，又可分为花前复剪和晚剪。花前复剪是冬季修剪任务的复查和补充，主要作用是进一步调节生长势和花量。晚剪是指对萌芽率低、发枝力差的品种做萌芽后再短截处理，剪除已经萌芽的部分。晚剪有提高萌芽率、增加枝量和减弱顶端优势的作用，是促进幼树早结果的常用技术。春剪的主要方法是疏枝、短截、刻伤。

4. 秋季修剪

秋季修剪对缓和各树体生长势、促进成花、提高幼树的抗寒越冬能力等具有重要的作用。秋季修剪时，可通过短截、疏枝、回缩枝组、压低枝头、"开天窗"等技术措施，为群体通风透光创造条件，这对于充实花芽和储备营养具有重要意义。秋季修剪要因树而异，主要是对旺树适当进行修剪，以免削弱树势。秋季修剪的时间不宜太早和太晚，且应配合早施基肥进行。秋季雨水多时，疏大枝的要涂伤口保护剂，以防感病。

果树修剪一般选用短柄的修枝剪。使用这种修枝剪时不能剪截过粗的枝条，否则会使剪刀中间的螺丝松动，造成剪片、剪托部分紧密度降低。剪截枝条的时候，一般左手拿枝，右手持剪，剪刀的方向与弯倒枝条的方向一致，两手用力配合恰当，保证伤口平滑不会劈裂。

三、花果管理

(一) 花果量的调节

1. 果树促花

由于受气候、树体生长过于旺盛等因素影响，果树有时开花少或不开花，造成减产或歉收。促进果树开花是获得丰产的基础，主要措施有以下几个方面：

（1）控水：当秋冬季节土壤过湿时，对生长旺盛的青壮年树加强果园排水，适当造成干旱的状态，有利于花芽分化而促进开花。

（2）断根、晒根：在晚秋至冬季，对于生长旺盛的果树，应扒开根际附近的土壤，露出部分根系，过一段时间再覆土埋根。生长过盛的，在晒根的同时，还可以断掉部分根系，防止过旺生长，促进花芽分化。

（3）环割、环扎、拉枝、拿枝、扭枝、曲枝等。

（4）药物处理：利用乙烯利、萘乙酸、丁酰肼等药物按不同使用浓度处理果树，促进花芽分化。

2. 保花保果

坐果率是产量构成的重要因子。绝大多数果树花朵的自然坐果率很低，尤其是热带、亚热带水果，常会出现"满树花，半树果"的情况。

造成果树落花、落果的主要因素有树体因素和环境因素。树体因素除取决于树种、品种自身的遗传特性以外，还取决于树体贮藏的养分、花芽的质量、授粉受精的质量、花器官的发育情况等。环境因素主要包括花期梅雨、晚霜、低温、空气湿度过低和土壤干旱等。

提高坐果率的措施主要包括提高树体贮藏营养的水平、保证授粉质量、应用植物生长调节剂和改善环境条件四个方面。

（1）加强土、肥、水管理，提高树体贮藏营养水平

落叶果树的花粉和胚囊是在萌芽前后形成的，此时光合产物很少，花芽的发育及开花坐果主要依赖于贮藏营养。贮藏营养水平的高低，直接影响果树花芽形成的质量、胚囊寿命及有效授粉期的长短等。

增加果树贮藏营养的措施有：秋季增施有机肥，加强病虫害的防治以保护叶片，延长秋叶片寿命和光合时间等。春旱地区花前灌水，花期喷施尿素、硼酸、磷酸二氢钾等，花后进行追肥灌水，对减少落果、提高坐果率均有一定效果。

（2）合理整形修剪

合理整形修剪可改善通风透光条件，调整养分分配方向。果树花量过大、坐果期新梢生长过旺等都会加大贮藏养分的消耗，从而降低坐果率。采用花期摘心、环剥、环割、疏花等措施，能使养分分配向有利于坐果的方向转化，对提高坐果率具有显著的效果。

（3）保证授粉受精条件

①配置授粉树

许多果树种类和品种表现为自花不实，如苹果、梨、柚、栗的大部分品种和甜樱桃

等，需要配置授粉树，才能正常结果。

②花期果园放蜂

除杨梅、山核桃、银杏、香榧等风媒花外，大多数果树为虫媒花。因此，花期放蜂可明显提高授粉率和坐果率，是一种很好的授粉方法。该方法有蜜蜂授粉和壁蜂授粉两种。一般每亩果园放 1~2 群蜂，蜂箱距离授粉树以不超过 500m 为宜。放蜂时应注意：蜂箱要在开花前 3~5 天搬到果园中，以保证蜜蜂能顺利度过对新环境的适应期，从而在盛花期到来时出箱活动。果园放蜂期间，切忌喷施农药，以防蜂群中毒。花期遇大风、低温、降雨，导致蜜蜂不出箱活动，也会影响授粉效果。壁蜂在自然条件下可自然增殖，无须特殊地饲喂，但为使蜂群尽快扩大，应将蜂管放在花多、温暖避风、宽敞明亮的地方，并于其前挖一泥坑，坑内放些黏泥土，泥坑内注意补水，保持泥土湿润，以便壁蜂产卵时采泥筑巢；蜂管周围要放置大量的空巢管，以回收壁蜂。

③人工辅助授粉

人工授粉实质上是自然授粉的替代和补充，它能保证授粉的质量，使坐果率提高 70%~80%。人工授粉的果树，果实中种子数量多，尤其对于猕猴桃等果树，人工授粉在促进果个增大、端正果形及提高果品质量方面效果显著。

人工授粉流程：

a. 采花：采集适宜品种的大蕾期（气球期）的花或刚开放但花药未开裂的花。要求所采的花花粉量大且具有生活力，与被授粉品种具有良好的亲和性。

b. 取粉：采花后，应立即取下花药。花量少可手工搓花获得花药，即双花对搓或把花放在筛子上用手搓。花量大时，可机械脱药。花药脱下后，应放在清洁的纸上避光阴干，温度控制在 20~25℃，最高不超过 28℃。一般经过 24~48h，花药即可开裂散出花粉。此时，筛去杂物，将花粉放入玻璃瓶，并在低温、避光、干燥条件下保存备用。一般花粉应在预定授粉日期 2~3d 前准备。

c. 授粉：授粉的方法有人工点授、机械喷粉、液体授粉、挂花枝等，在生产中应用最多的是人工点授。授粉时期应从初花期开始，并随着花期的进程反复授粉。一般人工点授在整个花期中至少应进行两遍。当天开放的花朵授粉效果最好。授粉常用工具有细毛笔、橡皮头、小棉花球等。为了节约花粉，可把花粉与滑石粉按花粉：滑石粉 = 1：5 的比例混合后使用。

（4）施用植物生长调节剂和微量元素

落花、落果的直接原因是离层形成，而离层的形成与内源激素不足有关。在生理落果前和采收前施用某些植物生长调节剂和微量元素，可以提高果树坐果率。目前，应用较多的生长调节剂有赤霉素、萘乙酸、吲哚乙酸等。此外，开花、幼果期可喷施含微量元素的肥料，如硼酸、硫酸镁、硫酸锌、硫酸亚铁；使用植物生长调节剂与其他物质如氨基酸、生物碱、微量元素等的混合物，如普洛马林、果丰素、果形剂、爱多收等，对提高果树的坐果率也具有良好的效果。

（5）改善环境条件

花期是果树对气候条件反应最敏感的时期，如遇恶劣天气，往往会造成大幅度减产。为尽可能减少恶劣天气所造成的损失，应在果园种植防风林以改善果园小气候。此外，通过早春灌水，可推迟果树开花的时间，躲过晚霜的危害，减少损失。但应注意，在花期尽量不要灌水，以免降低坐果率。

3．疏花疏果

疏花疏果是人为及时疏除过量花果，保持合理留果量，以保持树势稳定，实现稳产、高产、优质的一项技术措施。

（1）合理负载量的确定

确定合理的果实负载量是正确应用疏果技术的前提。不同的树种、品种，其结果能力有很大的差别，即使相同的品种，处在不同的土壤肥力及气候条件下，其树势及结果能力也不相同，因此，在生产中很难确定统一的留果标准。目前，确定适宜留果标准的参考指标主要有历年留果经验（经验法）、干周和干截面积、叶果比和枝果比、果实间距等。这些参考指标在实际应用中，须结合当地的实际情况做必要的调整，从而使负载量更加符合实际，达到连年优质丰产的目标。下面介绍两种生产上常用的方法：

①叶果比

叶果比指果树上叶片的总数（或总叶面积）与果实总个数的比值。每个果实都以其邻近叶片供应营养为主，所以每个果必须要有一定数量的叶片生产出光合产物来保证其正常的生长发育，即一定量的果实，需要足够的叶片供应营养。比如，柑橘中温州蜜柑的叶果比为 20：1～30：1；甜橙的叶果比为 45：1～55：1；桃的叶果比为 30：1～40：1。

②枝果比

果树上各类一年生枝条数量与果实总个数的比值称枝果比。枝果比通常有两种表示方法：一种是修剪后留枝量与留果量的比值，即通常所说的枝果比；另一种表示方法是一年新梢量与留果量的比值，又叫梢果比。梢果比一般比枝果比大 1/4～1/3，应注意区分二者，以确定合理留果量。

（2）疏花疏果时期和方法

①疏花疏果时期

理论上讲，疏花疏果进行得越早，节约贮藏养分就越多，对树体及果实生长也越有利。但在实际生产中，应根据花量、气候、树种、品种及疏除方法等具体情况来确定疏除时期，以保证足够的坐果率为原则。通常，生产上疏花疏果可进行 3~4 次，最终实现保留合适的树体负载量。

疏花疏果一般分三个阶段进行。第一阶段，疏花芽。即在冬剪时，对花芽过量的树进行重剪，着重疏除弱花枝、过密花枝，回缩串花枝，对中长果枝应破除顶花芽；在萌动后至开花前，再根据花量进行花前复剪，调整花枝和叶芽枝的比例。第二阶段，疏花。在花序伸出至花期，疏除过多的花序和花序中不易坐优质果的次生花。疏花一般是按间距疏除过多、过密的瘦弱花序，保留一定间距的健壮花序；对坐果率高的树种和品种可以进一步在保留的健壮花序中保留 1~2 个健壮花蕾，疏去其余花蕾。第三阶段，疏果。即在落花后至生理落果结束之前，疏除过多的幼果。疏果在第二次生理落果期后。定果时先疏除病虫果、畸形果、梢头果、纵径短的小果、背上及枝杈卡夹果，选留纵大果、下垂果或斜生果，依据枝势、新梢生长量和果间距，合理调整果实分布。枝势强、新梢生长量大，应多留果，果间距宜小些；枝势弱、新梢生长量小，应少留果，果间距宜大。

②疏花疏果的方法

疏花疏果的方法分为人工疏花疏果和化学疏花疏果两种。

人工疏花疏果是目前生产上常用的方法。该方法能够准确掌握疏除程度，选择性强，留果均匀，可调整果实分布，但费时费工，会增加生产成本，不能在短时期内完成。

化学疏花疏果是在花期或幼果期喷洒化学疏除剂，使一部分花或幼果不能结实而脱落的方法。疏花常用药剂有二硝基邻甲苯酚及其盐类、石硫合剂等。疏花剂可以灼伤花粉和柱头，抑制花粉发芽和花粉管伸长，使花不能受精而脱落。化学疏果常用药剂有西维因、萘乙酸和萘乙酰胺、敌百虫、乙烯利等。喷施后，疏果剂通过改变内源激素平衡，或干扰幼果维管系统的运输作用，减少幼果发育所需的营养物质和激素，从而引起幼果脱落。疏花疏果剂是既可疏花又可疏幼果的药剂，如乙烯利。

化学疏花疏果省时省工、成本低，疏除及时，但化学疏花疏果法的稳定性欠佳，应用不当会导致疏除过量，造成减产。原则上，药剂施用浓度不宜过大，并应结合人工疏果措施，即先应用疏花疏果剂疏去大部分过多花果，再进行人工调整。这样既发挥了疏花疏果剂化学疏除的高效、省工的优点，又避免了过量疏除的危险。

（二）果实管理

1. 果实着色

着色程度是果实外观品质的又一重要指标，它关系到果实的商品价值。果实着色状况受多种因素的影响，如品种、光照、温度、施肥状况、树体营养状况等。在生产实际中，要根据具体情况对果实色素发育加以调控。

（1）果实套袋

果实套袋可防治果实病虫害，防止果面污染，减少果实的农药残留量，提高水果的耐贮运性，在雹灾频繁发生的地区，还具有避免或减轻雹害的效果。套袋在定果后进行，套袋前应对果实全面喷施杀菌剂及杀虫剂一次，以清除果实上的病虫。套袋前将果袋撑开，套袋时应注意避免损伤果柄。袋口封闭要严，以防害虫进入袋内。

（2）摘叶和转果

摘叶和转果的目的是使果实全面着色。摘叶时期不可过早。摘叶一般分几次进行，每次不宜过量，特别是套袋果第一次摘叶时，如果摘叶过多，会造成果实日灼。转果在果实成熟过程中应进行数次，以实现果实全面、均匀着色。方法是轻轻转动果实，使原来的阴面转向阳面，转动时动作要轻，以免果实脱落。摘叶和转果，应采用支、拉等方法，改变小枝的角度和位置，使树冠内所有部位充分着光。

（3）树下铺反光膜

树下铺反光膜可显著地改善树冠内部和果实下部的光照条件，可生产全红果实。铺反光膜一定要和摘叶结合使用，一般在果实进入着色期开始铺膜。

2. 果面保洁

目前在生产上能够提高果实洁净度的措施主要有：

（1）果实套袋：使果实处于完全的被保护状态，能有效地提高果面的光洁度。

（2）合理使用农药：可加强植物保护，防止果面病虫害。

（3）喷施果面保护剂：如普洛马林对苹果果锈的防治具有明显的效果。

（4）洗果。

3. 果实采收与采后处理

（1）采收前的准备

①制订采收计划，安排劳力

果实采收前须对果园的产量进行估测，合理安排劳力。估产一般每年进行两次，即 6

月落果后和采前一个月，后一次尤为重要。估产的方法是根据果园的大小，按对角线方式随机抽取一定数量的果树，调查其产量情况，再换算成全园的产量。抽样时应注意，所调查的树应具有代表性，要避开边行和病虫害严重的树。

②采收工具、包装用品和贮藏场所的准备

估产后，应根据劳力状况合理安排采收进程，并准备采收用具，如枝剪、果筐、果袋、纸箱等。贮藏场所注意提前清理和消毒。

（2）采收期的确定

采收期的早晚对果实的产量、品质及耐贮性都有很大影响。采收过早，果实个小，着色差，可溶性固形物含量低，贮藏过程中易发生皱皮萎缩；采收过晚，果实硬度下降，贮藏性能降低，树体养分损失大。

①果实成熟度

根据用途，果实成熟度可分为可采成熟度、食用成熟度和生理成熟度三种。

可采成熟度：达到可采成熟度时，果实体积已达到可采收的标准，但并未完全成熟，其应有的风味还未充分表现出来，果肉硬度大，不适宜立即鲜食。需要远途运输、贮藏和加工成蜜饯的果实应在此时采收。

食用成熟度：达到食用成熟度时，果肉已充分成熟，并表现出该品种特有的色、香、味，果实内可溶性固形物含量达到最高，食用品质最佳。此时采收的果实适用于在当地销售及加工果酒、果酱、果汁等，但不适于长途运输和贮藏。

生理成熟度：果实达到生理成熟度时，不但果实充分成熟，种子在生理上也达到充分成熟。此时果肉内有机物已开始水解，硬度下降，风味变淡，食用品质降低。但达到生理成熟度后，果实的种子饱满，贮藏营养充足。以种子为可食部位或育种时采种的果树应在此时采收。

②成熟度的确定与果实采收

果实成熟的确定主要有以下几种方法：

a. 果实的色泽：大部分果实在成熟过程中果皮的色泽会发生明显的变化。目前，我国大部分果园以果实底色由绿转黄为果实成熟的标志。

b. 含糖量（或可溶性固形物含量）：随着果实成熟度增加，果实内可溶性固形物含量逐渐增加，含酸量相对减少，糖酸比增大，此时即使果皮未变色也可采收。

c. 果肉硬度：果实在成熟过程中，原来不溶解的果胶变得可溶，果实硬度降低。因此，根据果实的硬度可判断其是否成熟，但准确度不高。

d. 果实脱落的难易：核果类和仁果类果实成熟时，果柄与果枝间形成了离层，稍加触动即可脱落，可据此判断成熟度。

e. 果实生长日数：果实从坐果至成熟所需的发育天数，在一定的条件下是相对稳定的。因此，可根据某一品种的果实盛花期后发育期的天数来推算其成熟期。

采收期的确定除要考虑果实的成熟度外，更重要的是要充分考虑果实的具体用途和市场情况。不耐贮运的鲜食果应适当早采，在当地销售的果实要等到接近食用成熟度时再采收。如果市场价格高、经济效益好，应及时采收应市；相反，以食用种子为主的干果及酿造用果，应适当晚采，使果实充分成熟。有些果树的果实须经成熟后才可食用，如西洋梨、涩柿、香蕉等，这些果实在确定采收期时，主要依据果实发育期、果实大小等指标。

（3）采收方法

果实采收的方法因树种不同而有很大差别。采收的方法主要有人工采收和机械采收两种。完全的机械采收主要用于加工果实，而鲜食果实仍以人工采收为主。

根据水果类别不同，人工采收的方式方法也是不一样的。对于有果柄与果枝易分离的树种，如核果类和仁果类果实，可用手直接采摘；对于柑橘、葡萄、龙眼、荔枝等果柄不易脱离的果实，应用剪刀剪取果实或果穗。仁果类采收时用手轻握果实，食指压住果柄基部（靠近枝条处），向上侧翻转果实，使果柄从基部脱离。采收仁果类果实时要保留果柄，以免果实等级降低，造成经济损失。核果类中的桃、杏等果实果柄短，采收时不保留果柄，采收时应用手轻握果实，并均匀用力转动果实，使果实脱落。樱桃采收时应保留果柄。有些品种的桃，果柄很短但梗洼较深，如部分蟠桃及圣桃等，在采收时近果柄处极易损伤，最好用剪刀带结果枝剪取果实。一株树采收时应按"先下后上，先外后内"的顺序进行，以免碰伤和碰落果实。采收时还要注意避免碰伤枝芽，造成来年的产量损失。为防止压伤、指甲伤、碰伤、擦伤果实，采收时最好戴手套，做到轻拿轻放。

（4）采后处理

①果实清洗与消毒

部分果实采收后，果面上沾有许多尘土、残留农药、病虫污垢等，严重影响果实的外观品质，降低果实的商品性，也会加大在贮运过程中果实的腐烂程度，可用清洗剂如稀盐酸、高锰酸钾、氯化钠、硼酸等的水溶液对果实进行清洗消毒。

②果实涂蜡

涂蜡可增加果实的光泽，减少在贮运过程中果实的水分损失，防止病害侵入，提高果品的质量。蜡的主要成分是天然或合成的树脂类物质，通常还会加入一些杀菌剂和植物生长调节剂。涂蜡的方法主要有沾蜡、刷蜡、喷蜡。涂蜡要求蜡层薄厚均匀，涂得过厚会阻碍果实的正常呼吸作用，贮运过程中会产生异味，导致果实风味迅速变劣。

③分级

果实在包装前要根据国家规定的销售分级标准或市场要求进行挑选和分级。分级中应剔除病虫果和机械伤果，减少在贮运中病菌的传播和果实的损失。果实的分级一般以果实品质和大小两项内容为主要依据。

④包装

包装可减少果实在运输、贮藏、销售中由于摩擦、挤压、碰撞等造成的果实伤害，使果实易搬运、码放。目前的包装材料主要为纸箱、木箱、塑料箱、钙塑箱等。包装的大小应根据果实的种类、运输的距离、销售方式而定。易破损果实的包装箱要小，如草莓、葡萄等；荔枝、龙眼等的包装箱可适当大些。

第三章 果树栽培新技术

第一节 果树矮化生产技术

一、矮化栽培概述

果树矮化栽培已成为果树生产发展的一个重要趋势。与乔砧稀植栽培相比，矮化密植栽培具有下列优点：

（一）树体矮小、管理方便、生产效率高

果树树体矮化后，便于喷药、施肥、修剪和采摘，同时肥料流失少、利用率高。此外，树体矮化后，利于机械采收，可以大大节省劳动力和成本，提高生产效率。

（二）结果早，单位面积产量高

果树矮化密植，一方面缩小了树体体积，另一方面提高了栽植密度。因此，树体无须长得很大，就可以采取人为措施使其转向生殖生长，从而将结果期提前；同时，由于栽植密度增大，尽管单株产量下降，但群体产量得到提高。

（三）果实成熟早、品质好

矮化栽培的果树由于树体偏小，彼此遮光和阻止空气流动效率得到了降低，因此栽培品质得到极大的改善。

（四）密植果树生命周期短，便于品种更新换代

矮密栽培果树定植后 2~3 年结果，3~10 年稳产，较乔化栽培下的"3~5 年结果，10 年以上稳产"特征，具有更短的生命周期，因此便于品种更新。

二、矮化栽培途径

(一) 利用矮化砧木

将普通品种嫁接在矮化砧或矮化中间砧上，可使其树体矮小紧凑。这种矮化途径是目前采用最多、收效最显著的一种。利用矮化砧木具有限制枝梢生长，控制树体大小，促进早结果、多坐果，果实品质好，矮化效应持续期长且稳定，砧木可区域选择等特点。

1. 柑橘的矮化砧木

枳：主要作为红橘、温州蜜柑、椪柑、尤力克柠檬的矮化砧或半矮化砧。

宜昌橙：作为甜橙、柠檬的矮化砧或半矮化砧。

金豆：作为蕉柑、芦柑、焦柑的矮化砧。

佛手：作为锦橙、伏令夏橙的矮化砧。

糖橙：作为锦橙的半矮化砧、尤力克柠檬的矮化砧。

2. 核果类的矮化砧木

郁李、樱桃李、赫鲁血桃等嫁接桃后均有矮化效果。圣儒利昂李上嫁接红港桃，树体明显矮化，适合于黏重土壤及冷凉地区栽培。毛樱桃砧上嫁接桃，1 年可以形成花芽，3 年生树高仅 150cm，且毛樱桃与桃多数愈合良好，嫁接后期高产稳产。用欧李、矮扁桃、麦李、毛樱桃嫁接李，均有一定的矮化作用。

(二) 利用短枝型品种

短枝型品种是指树冠矮小、树体矮化、密生短枝，且以短果枝结果为主的矮型突变品种。

短枝型品种具有枝条节间短，易形成短果枝，树体矮小、紧凑等优点，选择适当的砧穗组合，将其嫁接到矮化砧木或矮化中间砧上，树体会更矮小，更适于高密度栽植。短枝型品种自身具有矮化特性，也可以选用适应性好的砧木进行嫁接，有广泛的应用前景。桃的短枝型品种有紧凑红港桃、南玫瑰桃、矮星油桃等。柑橘短枝品种有早熟温州蜜柑的宫川、龟井，中熟品种的南柑 20 号、山田、米泽、本地早、早熟脐橙、金柑、来檬金柑等。

(三) 采用矮化栽培技术

1. 环境致矮

选择或创造不利于营养生长的环境条件，如选择易于控制肥水的沙质土壤，利用浅土层限制垂直根生长，适当减少氮肥用量，增加磷、钾肥用量，控制灌水，选择高山紫外光强烈或光照条件好的地势等，控制树体生长，使树体矮化。

2. 修剪致矮

致矮的修剪技术措施很多，如环状剥皮、环割、倒贴皮、绞缢、拉枝、拿枝、扭梢、短枝修剪和根系修剪等。利用这些措施，可控制枝梢和根系的生长，缓和树势，促使成花和结果，以果压冠，促使树体矮化。

3. 化学致矮

在果树上喷施植物生长延缓剂，可以通过抑制枝梢顶端分生组织的分裂和伸长，使枝条伸长受阻碍，达到树体致矮的作用。植物生长延缓剂的种类很多，如矮壮素（CCC）、青鲜素（MH）等。

三、矮化栽培技术

（一）繁育矮化苗木

利用乔化砧木嫁接短枝型品种进行矮化栽培时，砧木可用实生种子播种繁殖。有些果树的矮化砧也可用种子繁殖，但目前多数矮化砧是通过无性繁殖获得。利用无性系矮化砧繁育果苗主要有三个步骤：第一，建立矮化砧母本圃；第二，繁育自根矮化砧果苗；第三，繁育矮化中间砧果苗。

（二）栽培方式及密度

矮化栽培采用密植栽培方式，以长方形栽植方式为宜，宽行密植。行向一般采用南北向，植株配置方式有双株丛栽、单行密植、双行密植和多行密植等，其中单行密植是主要栽植方式。

栽植密度主要取决于砧木、接穗品种、立地条件和采用的树形。

（三）树形与修剪

1. 矮化树形

常见的矮化树形有自由纺锤形、细长纺锤形、圆柱形和自由篱壁形等。它们的共同特点是低干、矮冠、树体结构简单、中心干上直接着生结果枝组。这些树形的果树，冠内通风透光良好，树势缓和，容易形成花芽，故结果较早，果实着色好、品质优。由于树冠矮小，故修剪技术简单，花果管理方便，容易操作。

2. 修剪技术

矮化密植果树整形修剪的原则与乔化砧稀植果树相同，但具体方法不同。矮化砧密植树须考虑砧穗组合，骨干枝分枝部位必须降低，分枝级次少；要严格控制，防止中心干及骨干枝延长部位开花结果（柑橘除外），合理控制花量，及时更新枝组，适当加重修剪量，使结果部位尽量靠近植株中央；应重视夏季修剪。

(四) 其他

矮化果树成花容易，坐果率高，负载量大，容易引起早衰和大小年现象，所以必须进行疏花疏果，使树体合理负载，达到稳产、高产的目的。疏除过多的花、果能显著减少营养物质的消耗，有利于养分的积累；同时因疏除了弱花、病虫果和畸形果，所留果实个大、质优，不但能增加产值，而且能增强树势，提高树体抗病力，减少病虫害。

第二节　果树产期调控技术

一、产期调控概述

(一) 概念

果树的产期调控是针对果树产品收获期进行的调节，即通过改变栽培环境、使用化学药剂和（或）采用适当的栽培技术措施，改变果树自然生育期，使其开不时之花、结不时之果，生产出比自然产期的产品供应期更长的果树产品。

果树产期调控包括促成栽培和抑制栽培。促成栽培指使产期比自然产期提前的栽培方式。抑制栽培指使产期比自然产期延后的栽培方式。

(二) 意义

产期调控的目的在于根据市场或应用的需求按时提供产品，丰富节日或经常性的需要，达到周年供应的目标。同时，在产期调控的过程中，由于准确安排栽培程序，可缩短生产周期，提高土地利用周转率；通过产期调控以做到按需供应，可获取较高的市场价格。因此，产期调控具有重要的社会意义和经济意义。

（三）产期调控的技术途径

植物生长发育的节奏是对原产地气候和生态环境长期适应的结果，产期调控的技术途径就是依据自然规律，根据不同园艺作物的生长发育特性，通过人工控制和调节，达到加快或延缓其生长发育进程，从而实现产期调节的目的。实现产期调控的途径主要有控制温度、光照等影响生长发育的气候环境因子，控制土壤水分、养分等栽培环境条件，对植物施用生长调节剂等化学药剂，以及采用其他栽培技术措施等。

温度与光照对产期调控既有质的作用，也有量的作用。在特殊的温度或光周期条件下，可通过成花诱导、花芽分化、休眠等过程，达到促进开花、提早结实的目的；也可使植物保持营养生长，保持休眠状态，以延缓发育过程，从而实现抑制栽培。这是温度和光照对产期调控所起的质的作用，也是产期调控的主要途径。温度和光照对植物生长发育也有调节作用。植物在适宜温度和光照条件下生长发育快，而在非适宜条件下生长发育缓慢，因此，改变温度和光照条件，也可起到调节开花和果实成熟的作用。

生长调节剂等化学药物的应用及其他栽培技术措施，如修剪、摘心、调节种植时间等的采用，均可对产期调控起到重要作用。这类技术措施通常需要与适宜的环境因子相配合才能达到预期的目的。土壤水分及营养管理对产期调控的作用较小，可以作为产期调控的辅助措施。

（四）确定产期调节技术的依据

1. 充分了解栽培对象的生长发育特性，如营养生长、成花诱导、花芽分化、花芽成熟、果实发育与成熟等的进程和所需要的环境条件，以及休眠与解除休眠的特性与要求的条件等，才能选定采用何种途径达到产期调控的目的。

2. 对某果树进行人工产期调控栽培时根据栽培类型选定适宜的栽培品种，可以简化栽培措施，降低生产成本，如促成栽培宜选用花期或果实成熟期早的品种，而抑制栽培则应选用晚花或晚熟品种。

3. 调控栽培中，通常需要综合运用多项技术措施。

4. 在利用环境的改变来促控产期时，应充分了解各环境因子对栽培对象所起作用的有效范围和最适范围，并分清质性作用范围和量性作用范围；同时，应了解各环境因子之间的相互作用，弄清它们是否存在相互促进、相互抑制或相互代替的性能，以便在必要时相互弥补。

5. 控制环境实现产期调控经常需要能够实现加光、遮光、加温、降温及冷藏等条件的设施、设备。在实施栽培前应预先了解或测试设施、设备的性能是否能满足栽培要求，如难以满足则可能达不到栽培的目的。

6. 控制环境调节产期应尽量利用自然季节的环境条件，以节约能源及设施。如春季开花的一些木本作物需要低温打破休眠，可以尽量利用自然低温。

7. 促控栽培必须有明确的目标和严格的操作计划，根据需求确定产期，然后按既定目标制订促成或抑制栽培的计划及措施程序，并随时检查，根据实际进程调整措施。在控制发育进程的时间时要留有余地，以防发生意外。

8. 促控栽培需要土壤、肥料、水分及病虫害防治等方面的管理措施相配合，甚至需要有比常规自然产期栽培更严格的要求。

二、产期调控措施

在热带、亚热带地区，果树产期调节的关键是在枝梢完成营养生长后及时促成花芽分化和开花结果。热带果树有一年多次开花的特性，产期调节的关键在于使多批枝梢的生长、成熟、花芽分化和开花结果同步进行，特别是及时抑制营养生长，以促进花芽分化。亚热带果树对日照、温度、雨水等环境因子反应极为敏锐，开花结实时期较为固定，反季节开花结果比较困难，目前只能用传统方法进行产期调节。

（一）合理搭配品种

果树品种依果实成熟期不同可大致分为极早熟、早熟、中熟、晚熟、极晚熟等 5 种类型，通过将不同品种合理搭配种植，可延长鲜果供应期，如柑橘类供应期可延长至 4 个月，杧果、荔枝及龙眼可延长至约 2 个月。若能引进热带地区一年两花的果树品种则效果更好。

（二）充分利用区域性纬度、海拔的差异

同品种果树平地种植与高海拔种植的成熟期不同，纬度相异其成熟期也不同。

（三）调整种植时间

调整种植时间的措施多适用于产期短的果树，如香蕉、百香果等。

（四）设施栽培

如冬季采用保温设施促成栽培，可保证葡萄在 3—5 月成熟。

（五）温度处理

温度处理主要是通过低温打破休眠，如高接梨接穗的低温处理。

（六）控制开花时间

控制开花时间是指根据果树开花及果实发育生理，应用光照和温度处理、水分控制、生长调节剂处理，及断根、环状刻伤、修剪、落叶、摘花、催芽、嫁接等栽培技术措施，促使果实采收期提前或推后。

第三节　果树设施与盆栽技术

一、果树设施栽培技术

果树设施栽培可以根据生长发育的需要，调节光照、温度、湿度和二氧化碳等环境条件，人为调控果树成熟期，提早或延迟采收期，从而使一些果树四季结果，周年供应，显著提高果树生产的经济效益。通过设施栽培可提高果树抵御自然灾害的能力，防止果树花期晚霜的危害和幼果发育期间的低温冻害，还可以极大地减少病、虫、鸟等的危害。通过使用设施栽培技术还可使一些果树在次适宜或不适宜区栽培成功，扩大果树的种植范围，如番木瓜等热带果树在温带地区山东的日光温室条件下栽培成功，欧亚种葡萄在高温多雨的南方地区栽培获得成功。目前，果树设施栽培的理论与技术已成为果树栽培学的一个重要分支，并形成促成、延后、避雨等技术体系，成为果树生产最具活力的组成部分。

果树设施栽培目前有塑料薄膜拱棚和塑料膜温室两种主要类型，其中塑料薄膜拱棚在设施栽培中应用比较广泛。与露地栽培相比，果树设施栽培有以下技术管理特点：

（一）增加光照

设施覆盖会导致光照减弱，影响光合效能，引起果树树势衰弱，落花落果，影响果实品质和产量。可通过光照管理进行调节，必要时可进行人工补光。

（二）施用二氧化碳

由于环境密闭，白天，设施内空气中的二氧化碳浓度因果树光合作用消耗而下降，需要人工施入以补充不足。

（三）调节土壤及空气湿度

土壤水分对果实的膨大及品质构成影响很大。设施覆盖挡住自然降水，土壤水分可以完全人为控制，因此，设施栽培能准确制定不同树种、品种在不同生育期土壤水分含量的上下限，对优质丰产极为重要。由于密闭作用，设施内空气湿度较高，不利于果树的授粉受精，可通过覆盖地膜和及时通风进行调节。

（四）控制温度

果树设施栽培的管理有两个关键时期。一是花期。花期白天最适温度为20℃左右，晚间最低温度不能低于5℃，因此花期夜间加温或保温至关重要。二是果实生育期。果实生育期最适温度在25℃左右，最高不超过30℃，温度太高会造成果皮粗糙、颜色浅，果实糖酸度下降，品质低劣。因此，设施果树后期管理应注意通风降温。

（五）人工授粉

尽管设施内配植授粉树，但由于冬季和早春温度较低，昆虫很少活动，果树的授粉受精受限；即使有昆虫活动，传粉也极不平衡，不仅影响坐果，而且会使桃和葡萄等容易出现单性结实现象的果树因单性结实而造成果实大小不一致。除早春放蜂（每300m² 设置1箱蜜蜂）帮助果树授粉外，还需要人工授粉。整个花期人工辅助授粉2~3次，即可确保果树授粉受精和坐果。

（六）使用生长调节剂

进行设施栽培时，由于冬春低温，果树生长较弱，而后期高温多湿，果树生长较旺，需要使用生长调节剂加以调控。通常使用适当浓度的GA3促进果树生长；用250mg/L的PP333溶液防止枝叶徒长。为抑制葡萄新梢生长，提高坐果率，通常在开花前5~10d喷洒0.2mg/L的CCC溶液。

（七）整形修剪

设施栽培果树密度较高，需要通过修剪控制枝叶量，简化树体结构。整形修剪方式以改善光照为基本原则，群体的枝叶量应小于露地栽培枝叶量，同时注意防止刺激过重导致枝梢徒长。

（八）土肥水管理

经连续几年设施栽培后，土壤出现盐渍化现象是常见的问题，因此加强土壤管理尤其是增施有机肥尤为重要。另外，从调节设施空气湿度的角度考虑，地面一般采用清耕法或全部覆盖地膜的方法进行管理。

由于设施内肥料自然淋失少、肥效高，因此追肥量应少于露地，并严格掌握施肥时期与施肥量；还应适当减少灌水量与灌水次数，一般仅在扣棚前后、果实膨大期依需要浇水保墒。

（九）病虫害防治

果树设施栽培减轻或隔绝了病虫传播途径，可相应减少喷药次数与喷药量，这为生产无公害果品开辟了新途径。

二、果树盆栽技术

近年来，随着现代农业技术的发展、人类对生态环境的日益重视、城市化进程的加快和人民生活水平的不断提高，盆栽果树越来越受到人们的喜爱，它既可作为盆景供人们观赏，又能提供一定数量的果实，还能美化环境。因此，盆栽果树，前景广阔。

果树盆景不受季节影响，每个季节都有独特的美丽。春季人们可以欣赏果树花朵、嫩芽；夏季人们可以欣赏果树枝叶繁茂、树叶翠绿；秋季人们可以欣赏果实色泽，闻到果香；冬季人们可以欣赏果树挺拔苍劲，极富生活的情趣。

盆栽果树极度矮化，景观效果突出，且占地面积较小，人们可根据居住条件，将其摆在窗台、阳台、楼房有阳光的楼梯及走廊上，也可把它放在办公室、会客室、会议室、宾馆，或在举行重大活动时用它布置会场。这样既可观赏各种优美造型，给人以舒适美观的感觉，又能品味新鲜的果实。

盆栽果树移动方便，在管理中可以趋利避害。如遇风雨、冰雹、霜冻时，可将盆栽果树移到安全地方。我国北方地区无霜期短，有些果树的果实在自然条件下不能成熟，可把它放在盆中栽培，在有霜期的白天，将盆器搬到屋外向阳处，晚上搬入室内，这样可使未成熟的果实充分成熟，从而能让人们吃到盆栽果树所结的好看、味美的果实。

选择合适的果树，最好选择那些树冠不大、矮化过的果树。如矮化过的苹果树比较容易栽种，并且结果率比较高，而且秋天阳台上的苹果树挂满了红彤彤的苹果寓意非常好。如果室内四季温差不大的话，还可以种植金橘树、柠檬树。此外还有山楂树、无花果、葡萄树等。

(一) 花盆的选择

果树盆景主要分为陶盆、瓷盆、自然石盆、釉盆、素烧盆、木盆、塑料盆，形状以圆形、方形为主。

1. 盆的材质

从观赏和实用的价值来看，紫砂盆是最好的选择，雅致古朴，透气性很强，适合老桩的种植。紫砂盆又分为朱紫砂、朱泥、紫泥、白泥、黄泥、青泥、老泥等品种。

石头材质适合制作丛林式、水旱式、微型的山水盆景。

塑料花盆颜色鲜艳，价格便宜，但作为盆景观赏不太合适，只可以阶段性地使用。

瓷盆光亮，但透气性较差，可以作为花果树的套盆。

2. 盆的形态

花盆一般分为长方盆、方盆、圆盆、椭圆盆、八角盆、六角盆、浅口盆、扁盆、盾形盆、海棠盆、自然形石盆、天然竹木盆等。在种植不同形态的植株时，选择合适的即可，通常会选用方形花盆。

3. 盆景用盆注意事项

(1) 款式要吻合

盆的形状要与整体的形态协调，树木盆景姿态曲折，盆的轮廓以曲线为主，如圆形、椭圆形；树木盆景较挺拔的，盆的线条要刚直，如菱形、四方形。

(2) 色彩要协调

盆与景的色彩既要有对比，又要相互协调。一般情况下，盆应该选择素雅点的，可以体现衬托作用，防止花盆喧宾夺主。山水盆景会采用白色花盆，不与山石的颜色相同即可。树木盆景根据主干选择深一点的，花果类用彩釉陶盆，松柏类盆景用紫砂盆。

山水盆景一般采用长方形，可以狭长一点。山石盆景，选择宽盆，高远式的山景选择狭长的浅盆。

(3) 大小要适宽

盆的大小要与景观相适应，过大过小都不可以。用盆过大，水分过多，显得盆景过于宽阔，导致植株徒长；用盆过小，使盆景看起来头重脚轻，缺乏稳定感。

(4) 深浅要适当

花盆的大小可根据需要而定，一般室内或阳台摆放可选用内径 25~45cm、高 20~

35cm 的。树木盆景用盆过深，会使树木在盆中显得过于矮小，但主干粗壮的树木用盆过浅，树木生长不良，难以栽种。

（二）盆土的配制

盆栽果树因容器的容积有限，根系受制约的程度较大，因此必须使有限的盆土比自然土肥力高得多，才能维持盆栽植株的正常生命活动。对盆土的要求，以果树种类品种而异。一般要求盆土理化性质好，pH 适宜，保肥保水，透气渗水。

1. 盆土的类型

（1）沙土

多取自河滩。河沙排水透气性能好，多用于掺入其他培养材料中以利于排水。沙土掺入黏重土中，可改善土壤物理结构，增加土壤的排水透气性。缺点是毫无肥力。可作为配制培养土的材料，也可单独用作扦插或播种的基质。海沙用作培养土时，必须用淡水冲洗，否则含盐量过高，影响果树生长。

（2）园土

园土又称作菜园土、田园土，取自菜园、果园等地表层的土壤。园土含有一定腐殖质，并有较好的物理性状，常作为多数培养土的基本材料。这是普通的栽培土，因经常施肥耕作，肥力较高，团粒结构好，是配制培养土的主要原料之一。缺点是干时表层易板结，湿时通气透水性差，不能单独使用。种植过蔬菜或豆类作物的表层沙壤土最好。

（3）腐叶土

腐叶土又称作腐殖质土，是利用各种植物的叶子、杂草等掺入园土，加水和人粪尿，经过堆积、发酵腐熟而成的培养土，pH 呈酸性，须经暴晒过筛后使用。

（4）山泥

山泥分黄山泥和黑山泥两种，是由山间树木落叶长期堆积而成的，是一种天然的含腐殖质土，土质疏松。黑山泥呈酸性，含腐殖质较多；黄山泥亦为酸性，含腐殖质较少。黄山泥和黑山泥相比，前者质地较黏重，含腐殖质也少。

（5）厩肥土

厩肥土由动物粪便、落叶等物掺入园土、污水等堆积沤制而成，具有较丰富的肥力。此外，还有塘泥、河泥、针叶土、草皮土、腐木屑、蛭石、珍珠岩等，均是配制培养土的好材料。

（6）木屑

这是近年来新发展起来的一种培养材料，疏松而透气，保水、透水性好，保温性强，质量轻又干净卫生，pH 呈中性或微酸性，可单独用作培养土。但木屑来源不广，单独使用时不能固定植株。因此，多和其他材料混合使用，增加培养土的排水透气性。

（7）松叶

在落叶松树下，每年秋冬都会积有一层落叶。落叶松的叶细小、质轻、柔软、易粉碎，这种落叶堆积一段时间后，可作为配制培养土的材料。落叶松还可作为配制酸性、微酸性及提高疏松、通透性的培养土材料。

2. 盆土的配制方法

南方生长的果树多喜欢酸性土壤，北方生长的果树多喜欢偏中性的土壤。一般是人工营养土加上天然营养土，以及富含腐殖质的沙壤土或沙土，其配制方法多种多样，可就地取材。

（1）肥沃熟土 6 份、河沙 2 份、腐熟的羊粪 1 份、沤烂的树叶及马掌发酵肥 1 份，按比例混合均匀，过筛。

（2）堆肥土 5 份、园土 2.5 份、沙土 2.5 份，1m³ 盆土加入 0.5~1kg 25% 氮磷钾复合肥混合拌匀。

（3）园土 4 份、腐殖土 3 份、细沙土 2 份、草木灰 1 份，充分混合均匀，辗细过筛。

（4）木屑 5 份、园土 2.5 份、沙土 2.5 份。

（5）园土 4 份、田土 3 份、细沙土 2 份、草木灰 1 份。

3. 盆土的消毒

盆土的各种成分混拌均匀后，要进行消毒，以消灭土壤中的害虫和杂草种子等。常用的方法是日光暴晒和福尔马林消毒。日光暴晒即在太阳光下暴晒，并经常翻动研碎，充分受到紫外线的照射消毒灭菌。福尔马林消毒，即用福尔马林 1kg 加水 40~50kg，均匀洒在 1m³ 的培养土中，再用薄膜密封熏蒸消毒，密闭 2d，揭开薄膜后待福尔马林完全挥发后才能上盆栽植果树。另外，如果有条件，可采用高压蒸汽灭菌，高效无毒。

（三）育苗技术

盆栽果树首先要育苗。一般较大型的盆栽果树生产基地都有自己的育苗苗圃，从而保证盆栽果树生产基地的优良种苗。而作为家庭阳台、庭院进行盆栽果树的，由于用苗较少，可选择从果树育苗基地购苗。

1. 播种育苗

播种育苗是果树传统的育苗方式。首先要选择粒大饱满、发芽率高的种子，播种前进行种子消毒和催芽处理，然后进行播种。播种分春播和秋播，生产中以春播为主。播种方式有直播和床播两种，播种方法有条播、撒播和点播三种。

出苗后进入实生苗的管理阶段。实生苗的管理主要为间苗定苗、中耕除草、浇水、追肥、摘心抹芽与副梢处理及病虫害防治。

播种育苗一般第二年即可出圃定植。

2. 分株育苗

分株繁殖法是利用母株的根或匍匐茎生根后进行母株分离、另行栽植的方法。如枣产区主要是利用枣树的根苗繁殖新株，梨产区习惯用杜梨幼苗做砧木，称作根分株法。

利用匍匐茎繁殖的主要是草莓，称作匍匐茎分株法。

3. 嫁接育苗

嫁接育苗即将优良品种的枝或芽，接到另一植株的适当部位上，从而形成一棵新株的育苗方法。当前，嫁接育苗是培养果树苗木的主要手段。嫁接的优点多，除保持品种固有的优良特性之外，还可以提早结果，早期丰产，增加对干旱、水涝、盐碱、病虫的抗性，也可以改劣换优，将野果变家果。

嫁接方法分为芽接和枝接。芽接的优点很多，接穗利用率高，接合部位牢固，成活率高，操作方便，嫁接时间长，适宜大量繁殖苗木，而且传染根癌病的概率较低。枝接发芽早，生长旺盛，一般可以当年成苗，但比较费工，接穗消耗量大，嫁接时期也受到了一定限制。枝接分为插皮接、劈接、切接、腹接、搭接、靠接等几种方法。

（四）上盆移栽

选择植株健壮、芽眼饱满、无病虫害的苗木，于春季萌芽前上盆栽植。栽植前要进行修根，剪去坏死根，修平受伤的侧根，过长的侧根剪短可促其长出须根，尽量保留有用的须根，过长的须根剪留20cm左右，并用5°Be石硫合剂浸根消毒。

1. 苗木消毒

对于自育和外购的苗木进行消毒，杀死有害虫卵和病菌，是果树盆景新发展地区防止病虫害传播的有效措施。

（1）浸泡消毒法

用1~3°Be石硫合剂水溶液浸泡10~20min，然后用清水将根部冲洗干净，或用1∶1∶100的波尔多液（硫酸铜∶石灰∶水）浸泡20min左右，再用清水冲洗根部。此法可杀死大量有害病菌，对苗木起到保护作用。

（2）熏蒸消毒法

将苗木放置在密闭的室内或箱子中，按 $100m^2$ 用 30g 氯酸钾、45g 硫黄、90mL 水的配方，先将硫黄倒入水中，再加入氯酸钾，此后人员立即离开。熏蒸 24h 后打开门窗，待毒气散净后人员才能入室取苗。进行熏蒸杀虫的操作时，工作人员一定要注意安全。为了果树盆景的绿色无公害生产，禁止使用氯化汞、对硫磷、氰化钾等剧毒药物进行果树苗木的杀虫消毒。

2. 栽植

栽植时在选用的盆底部洞上放几片碎瓦片，放入一层粗沙，加入部分营养土，放入苗木，将根系摆放均匀，再加足营养土压实，浇足水，并覆上地膜。

（五）整形修剪

盆栽果树的修剪应与造型、整形紧密配合，修剪时应考虑其开花结果和造型形态。盆栽果树可根据个人的爱好及所栽树种的生长特性，塑造成自然圆头形、塔形、双枝鹿角形、独枝悬崖形、垂柳形、龙曲形等，使其既有利于结果，又具有美学观赏价值。

需要指出的是，果树盆景的形态每年甚至每季均发生较大变化，包括果实、当年生枝、每年的结果部位等，而其基本造型一旦确定，就应逐年延续、完善发展。为避免出现不合理的修剪或与造型相违，修剪时可先根据造型的需要对整体进行做弯、拉枝等处理，确定骨干枝或必留枝，去掉扰乱枝，最后处理其他枝条。

1. 冬季修剪

落叶果树盆景可从晚秋落叶开始到春季萌芽前进行；常绿果树盆景可从晚秋枝条停止生长到春梢萌发前进行。寒冷地区家庭养殖或生产量较小的果树盆景企业，最适修剪时期是初春解除休眠后至发芽前。由于早春盆土温度上升较快，盆树发根较早，如果修剪过晚，易产生伤流。

（1）短截

短截是指剪去 1 年生枝的一部分。短截程度不同，第二年其生长、发育的差别很大。

轻短截是指只剪去枝条先端的一两个芽，这样有利于促生短枝，提早结果。但是，所留枝条太长，易造成树形过散，从而破坏盆树造型，因此在果树盆景中极少采用。

中短截是指在 1 年生枝条中部饱满芽处短截，适用于生长势较弱的盆栽果树。新上盆的幼树为增加枝量和整形，可用此法，其截留长度常根据造型需要而定，以后须配合促花措施或整形进行。

重短截是指在 1 年生枝条下部不甚饱满芽处短截。因此法能有效地控制树冠，促生中、短壮枝，所以苹果盆景、梨树盆景等以中、短枝结果为主的树种多用此法修剪。

（2）缩剪

缩剪又称作回缩修剪，是指从枝条多年生部位剪去一部分。此法对整个树体具有削弱作用，可有效抑制树冠扩大。

轻度缩剪是指剪除多年生枝长度的 1/5～1/4，且留壮枝、壮芽带头，可促进树体生长。

重度缩剪是指剪除多年生枝长度的 1/3～1/2，保留弱枝带头，可抑制树体生长。

（3）疏剪

疏剪是指从 1 年生或多年生枝条基部剪除。疏剪可减少树体枝量和分枝，缩小树体和削减生长势，有利于盆栽果树内部的通风透光和花芽分化。由于疏剪所造成的剪口使上下营养运输受阻，可造成剪口以上生长受抑制而易于成花，而剪口以下对生长有促进作用。

疏剪多用于成形树的中长枝、过密枝、冠内细弱枝、过直过旺枝和影响树形而难以改造利用的枝条。

（4）拉枝

拉枝是将旺长和不易成花的枝条拉大开张角度，以改变其极性位置和先端优势，从而控制旺长，促进成花。

各种修剪方法要合理应用。修剪时，要认准花芽、花枝及预计的成花部分，尽量使结果部位紧靠主干和主枝，使全树丰满紧凑。初结果的树往往花芽数量较少，应尽量保留利用。经一年结果之后，树势即可缓和，成花量亦即增多。花量较大时，可疏除部分花芽，使之按造型的需要合理分布。

冬季修剪常与换盆相结合。由于在换盆过程中对根系进行修剪时伤根较多，地上部分修剪亦须相应加重，最好在秋季落叶后进行，以提早恢复根系，待春季萌芽时已发生大量新根，当年的生长发育完全正常。

2. 夏季修剪

盆栽果树在生长季节修剪，去掉了部分枝条和叶片，便减少了有机营养的合成。同时，由于修剪刺激会造成再度萌发，加大了养分的消耗，因此对树体和枝梢生长有较强的抑制作用。所以，夏季修剪量宜少，应针对旺树、旺枝、难以成花及一年内发生多次生长的树种进行。

（1）摘心

摘心即对尚未停止生长的当年生新梢摘去嫩尖。摘心具有控制枝条生长、增加分枝、有利成花的作用。摘心不宜太早，否则所留叶片过少，会严重削弱树势和枝势，如桃于 5 月中上旬，苹果、梨于 5 月中下旬连续摘心两三次，对促进成花有利。果台副梢摘心，可提高坐果率。

（2）扭梢

当年生直立枝在长到 10cm 左右、下半部半木质化时，用手扭弯 180°，可使其先端垂下或垂斜。枝条木质部及韧皮部受伤和生长极性的改变，有利于缓和生长势而促进植株形成花芽。此方法于 5 月下旬至 6 月上旬在苹果盆景上应用，效果较好。

（3）环割

生长季节在枝干的中下部用刀环状割一圈或数圈，深达木质部，但不剥皮。由于伤口阻碍了养分的上下运输，可起到缓和树体生长、促进成花的作用。多刀环割的间距一般在 10cm 左右。为了促进植株形成花芽、成好花，常用三次环割法。

（4）疏枝和抹芽

生长季节疏枝对整个树体生长具有较大的削弱作用，仅在过密的旺树上施用。桃、葡萄等部分果树的萌芽力和成枝力均很高，且一年内会多次生长，故应疏除部分过密枝。为避免浪费养分、削弱树势，疏枝宜早进行，也可提早进行抹芽和除萌。

此次修剪的目的主要是定花、定果。如花枝过多，可部分疏除或基部留叶芽剪除。每个枝条所留花芽的数量不应一概而论，大果型不超过 3 个，小果型可视其强弱程度、着生部位及整体造型适当多留。

3. 出圃前修剪

秋季果树盆景硕果满树，但有些枝条的方向、长度、位置均不太适宜，会影响盆树的整体造型。因此，在作为商品或展品出圃之前，应对这样的枝条予以短截或拉枝，以提高观赏价值。此外，由于盆树较小、结果较集中，有些果实被叶片遮掩时，可适当摘除部分叶片，以前部果实充分暴露、后部果实显露一半为宜，摘叶过多，反而失去自然的效果。

4. 注意事项

在整形修剪时期，树种不同，修剪的时期也不同。如桃、葡萄等果树自萌芽开始一年内需要多次进行修剪，每次目的不完全相同，处理方法也有所偏重。又如，苹果、梨等树种的修剪应集中在 5 月下旬至 6 月上旬进行，但摘心、环割等可多次进行。

果树盆景栽培的成败，控冠整形技术起着关键性的作用。可通过矮化中间砧和短枝型品种的有机结合，加上早果促花技术的应用如环割、抹芽、摘心、拉枝等，适当增加负载、回缩等技术控制树冠。也可通过化控技术，使树体矮化，在生长期叶面喷布 2~3 次矮壮素、多效唑等植物生长抑制剂，使其枝条粗壮，节间变短，植株矮化。

（六）管理技术

1. 施肥

盆栽果树由于根系生长受到限制，其吸收的营养远远不能满足果树的生长需要，因此要特别注重肥水管理。施肥应以有机肥为主、速效肥为辅，原则是少施多次，并结合根外追肥。

不施浓肥。盆栽果树的营养面积小，如果施肥浓度过大，或一次施肥量过多，会造成反渗透，导致果树叶子萎缩，果树植株死亡。施肥时，一般应掌握"使用薄肥、每次少量、多次施用"的原则。

（1）有机肥

有机肥的养分丰富，肥性柔缓、肥效长，最适于盆栽果树。将有机肥作为追肥，传统的做法是用水浸泡，腐熟发酵。但在制作过程和浇灌时会发出恶臭，影响环境，家庭不宜使用。家庭培育果树盆景可用油粕饼类作为干追肥。具体做法：把油粕饼粉碎，掺入腐殖土20%，保持潮润放入密闭的塑料口袋中，放在阳光下，经 2~3 个月充分发酵腐熟，无异味，可撒布于盆内。任何季节追施，均较安全卫生。

（2）无机肥

无机肥又称作化学肥料。无机肥料肥效快，但其养分单一，可多种养分混合制成一定浓度的营养液，无机肥一般多与有机液肥配合，作为某种营养元素的补充或单独作为叶面喷肥施用。

施用化学肥料必须严格掌握施肥浓度。盆栽果树对追肥浓度的适应范围比较大，但施肥浓度偏高时，会对盆树造成伤害，因此应以淡肥勤施为原则。化学肥料的追施浓度以 1~5g/L 为佳，最少间隔期不少于 7d。一般 5 年生以下的幼年果树，每次施用量为 0.05~0.25kg/盆；5 年生以上的结果盛期果树，每次施肥 0.5~1kg/盆。

（3）根外施肥

叶面喷施尿素溶液、磷酸二氢钾溶液的浓度为 3~5g/L，过磷酸钙浸出液的浓度为 20~30g/L，草木灰浸出液的浓度为 20~50g/L，硼酸或硼砂溶液的浓度为 2~3g/L，硫酸亚铁溶液的浓度为 2~5g/L，硫酸锌溶液的浓度为 3~5g/L。

2. 浇水

盆栽果树生长期要保持盆土有一定湿度，干后要及时浇水，但也不宜过湿。浇水要掌握"见干见湿、浇则浇透"的原则，也就是看盆土发干变白时浇水，浇至水从盆底渗出为止。因为盆内土壤既要含有树体生长所需的养分和水分，又要含有根系呼吸所需的空气，若经常浇水过多或每次浇水间隔时间过短，土壤的孔隙长时间被水分充塞，空气大量地被排出土外，将会严重影响根系的呼吸和生长，而出现涝害，甚至烂根死亡。相反，若每次浇水时不浇透，呈"半截水"状态，下半部盆土经常不见水而变得干硬，其内的根系会干枯死亡，造成树体衰弱。一般夏天早晚各浇水 1 次，秋天隔天浇水 1 次，休眠期要严格控制浇水，以盆土不过干为度。

3. 换盆

因盆土中的养分在频繁的浇水中被淋洗掉，所以盆栽果树在生长 2~3 年后，盆土中的养分已严重匮乏，这时就需要及时倒盆。

（1）树体植株大，原有的盆土已不适合植株生长的要求，必须扩大盆土容积，提高根系吸水面积时，需要换上较大的盆。

（2）树体年龄较老，根系在盆内交叉生长，互相拥挤，盘根错节，将影响新根生长，使果树吸收养分的能力显著减弱，这时须进行换盆，加上适当的培肥管理及对根系做适当修剪，可使根系复壮更新，增强树体生长结果。

（3）原有盆土经植株长期选择，吸收矿物质养分后，使植株呈现缺素症状，或盆土物理性质变劣，透气性变坏，使植株生长不良，这时可利用原盆更换培养土。

（4）发现根系部分有病虫害时，进行根系修整，结合病虫害防治进行换盆。

换盆在春季、秋季均可进行。秋季换盆在盆栽果树秋梢停长以后，根系出现第三次生长高峰之前进行；春季，落叶果树在根第一次开始生长前进行换盆；常绿果树一般在夏季进行。

换盆的方法应以不伤根或少伤根为原则。具体操作方法以盆大小而定，盆径小于 40cm 的，换土时可用左手握住植株基部，右手轻拍盆壁，然后将盆脱开，双手将植株连盆土拔起。如果容器较大或木桶栽植，最好在 2d 前浇透水，然后用绳束缚树冠，小心横倒缸桶，轻拍缸壁，使盆土与盆壁分离。然后一人用双手紧握缸口，另一人用力拔出植株。然后用利刀削去土团外围 2~3cm 厚的旧土和根系，再把配好的营养土放入新盆中，把带土果树放入后加足营养土，压实并浇足水。

4. 修根

盆栽果树生长几年后，根系老化，密集拥挤，为了保持果树的旺盛生长，每隔 1~2 年结合换盆进行修根。先清理土球，可用竹片轻轻剔除周围旧盆土，然后剪除沿盆壁生长的卷曲根，换上培养土，以复壮根系。大型种植箱一般不换盆，结合秋施基肥，切断部分根系，有利于来年新根大量发生。

（七）花果管理

一些果树虽能自花授粉结果，但大多数树种和品种必须异花授粉才能提高坐果率。能自花结果的品种，也是异花授粉的坐果率高。作为观赏的盆栽果树，如果失掉授粉时机，坐不住果，则很难以果成形。

1. 开花与授粉

北方果树多于春季开花，其中杏树、李树、桃树开花较早，梨树、苹果树、山楂树次之，葡萄、柿子树、枣树开花最晚，而且同一树种的不同品种其开花时间亦有早晚之别。大部分果树主要靠昆虫传粉，有的树种可以自花授粉结果，如桃、李、杏的大部分品种；苹果、梨的大部分品种具有自花不实性，须不同品种间的花粉进行异花授粉才能结果。所以，盆栽果树应重视人工授粉工作。

（1）对花授粉

对于数量较少的盆栽果树，可以采取对花授粉措施，即把开放的雄花花药直接对住雌花柱头，进行授粉。

（2）授粉器授粉

这是目前最流行的授粉方法。利用电池带动小风机，将混合好的花粉均匀送出喷嘴，对准雌花不停地移动进行授粉。

（3）一树多嫁接

为更加便于盆栽果树的养护，生产中最好能在一株树上嫁接两个以上的品种，这样既能省去授粉的环节，又能提高果树的观赏价值。

2. 保果技术

多数果树有生理落果现象，其落果的程度因树种、品种、树势、营养和气候的不同而异。盆栽果树的花朵数量有限，必须注意提高坐果率。除安排好授粉工作外，还需要采取提高坐果率的措施。

（1）花期喷硼

硼是果树不可缺少的微量元素，在花期喷硼能促进花粉发芽、花粉管生长、子房发育、提高坐果率。花期和幼果期喷硼砂1~2次，有促进受精、保花保果的作用。硼的喷施浓度为2g/L，配施2g/L的磷酸二氢钾效果更好。

（2）合理留果

及时疏除过多的花和果，可节省养分，保持树势及减少落果。疏果应在生理落果之后进行。留果量要根据树种、品种、树势及果实大小灵活掌握，要达到观赏的要求，不能单纯追求果实数量，以达到以果成形的目的。

对花芽量大、坐果多的盆景，要进行严格的疏花疏果工作。

（3）套袋贴字

为提高果实品质和盆栽果树的观赏价值，可将果实套袋，并在果实成熟前15~30d进行贴字、贴花。

3. 精心修剪

于花期和生理落果期进行环剥、环割和摘心，来调节养分的分配。

4. 肥水管理

春季开花的果树，其开花、授粉，以及幼果的前期发育所需养分，都是前一年形成并储备的。因此，秋季应加强肥水管理，保护好叶片，抑制旺长，以提高树体储备营养的水平。

萌芽前和花前追施以氮为主的液肥或速效化肥，花期及时喷施复合氮、磷、钾等多种营养元素的肥，以满足其营养需求。

如果供水不足，对果实发育的影响明显，严重时可造成果实失水皱缩，甚至脱落。

因此，应十分重视水分的供应。

（八）越冬防寒

1. 盆栽落叶果树的越冬管理

落叶果树是秋末落叶第二年春天又萌发的一类果树，如苹果、梨、桃、葡萄、核桃等，能耐冬季低温。

在0~7.2℃条件下，各种盆栽落叶果树需要200~1 500h的积温时数，只有满足了它的需冷量，才能正常生长和结果。不同树种需冷量不同，如桃树需冷量450~1 200h，杏树为500~900h，李树为800~1 000h，甜樱桃树为1 100~1 440h，梨树为1 200~1 500h等。积温时数不足时，常表现为发芽晚，开花少且花落晚，枝条节间不伸长；花芽内变褐，干瘪僵芽，易脱落，可影响果实发育；果个小、品质差，降低了盆树观赏性。所以，盆栽北方果树需要合适的条件来完成休眠，才能保证第二年正常开花结果。

秋季果树落叶后至第二年春天萌芽前，是落叶果树的自然休眠期。果树在此期间仍然进行着极微弱的生理活动，完成某些物质的转化及生理变化，为第二年的正常生长发育做准备。因此，如何使盆树安全越冬就极为重要。盆栽落叶果树安全越冬的关键是温度和湿度（土温 0~7℃，盆土微湿不干旱即可）。

（1）开沟埋土防寒越冬

入冬前，在盆景培育场内按东西方向进行开挖沟槽，长度以盆栽果树多少来确定，宽度以并排摆放两排盆树为宜，深度比盆高稍深。盆栽果树浇透水后摆入沟内，盆间周围孔隙用土埋实，并适当浇水，浇水量以土壤湿润但无积水为度。在沟北侧设置防风障起挡风作用。寒冷地区可在盆面覆土前再加盖一层树叶或碎秸秆。用此法越冬一般无须给盆土补水。早春土壤解冻后要及时撤除风障及覆盖物，搬出盆树，检查盆土墒情及时浇水。

（2）地窖贮藏越冬

入冬前将盆栽果树浇透水后，摆放到地窖内，摆放时要留出通道，便于查看墒情和补水，也可在盆间填充湿沙，以利于盆土保墒、减少浇水，更有利于防寒越冬。春天注意观察，发现芽体萌动时，应及时搬出盆树。

（3）贮藏室越冬

城镇居民少量观赏栽培果树盆景时，冬季可利用贮藏室存放，存放时盆树要浇透水。温度若降至 0℃时，用旧报纸、杂草等物将盆包裹防寒，外层用塑料布包扎，最好用一个大塑料袋把盆树整体罩住，有利于避免抽条。注意查看盆土墒情，适时补水。

2. 盆栽常绿果树的越冬管理

常绿果树，是树叶寿命较长，三五年不落叶的一类果树，如柑橘、橙、柠檬、香蕉等，主要分布在热带和亚热带。

常绿果树需要的最低温度较高，一般常绿果树所需最低温度在 15℃以上，因此北方地区盆栽常绿果树越冬时，须移至日光温室或连栋温室内。移进或移出时间根据当地气候决定。当外界气温低于 18℃且温度持续下降时，应将盆栽常绿果树移至日光温室或连栋温室内，并进行正常管理。当外界气温高于 18℃且温度持续上升时，可将盆栽常绿果树移出日光温室或连栋温室，纳入正常管理。

第四章 果树病虫害预防与治疗

第一节 果树病虫害基础知识

一、果树病害的概念

（一）果树病害的定义

1. 果树病害

果树由于遭受不适宜环境因素的影响，或受病原生物的侵染，在生理上、组织上、形态上发生一系列病理变化，致使果树的生长发育出现不正常，导致产量降低，品质变劣，甚至死亡的现象称为果树病害。

2. 病程

果树受害后出现不正常的病理变化叫病变，病变从生理到组织再到形态上的一系列病理变化过程叫病程。如苹果枝干受到腐烂病菌的侵害后，病菌分泌酶和毒素，使果树正常的生理活动受到干扰，树皮细胞逐渐死亡，组织构造遭到破坏，树皮变色腐烂，随着树皮病变部分的扩大，树体营养物质的运输逐渐受阻，致使枝条发育不良，生长衰弱，最后造成枝条枯死，或全树死亡。

3. 损伤

被昆虫咬伤，或受碰撞致伤，没有病理变化过程产生的伤害，不叫病害而叫损伤。虽然有些植物受害后也会有病理变化过程发生，但这种变化是有益的，如花卉，普通郁金香受病毒侵染后变为碎叶郁金香，更具观赏价值；被黑粉菌寄生的茭白，幼茎肿大形成肥嫩的可食组织等。虽然这些都是病态的植物，但是由于提高了它们的经济价值，一般都不把它们当作病害。

（二）果树发病的原因

果树病害是果树与病原在外界环境条件影响下，相互作用，并导致果树生病的过程。因此，影响果树病害发生的基本因素是病原、感病果树和环境条件。

1. 病原

病原是果树发病的原因，可分为两大类：一类是由非生物的因素引起的，非生物的因素引起的果树病害不能相互传染，没有侵染过程，叫非侵染性病害或生理病害；另一类是由生物因素引起的，所引起的果树病害能相互传染，有侵染过程，叫传染性病害或侵染性病害。

（1）非侵染性病原

引起非侵染性病害的原因主要是，营养缺乏或不均衡，水分供应失调，温度过高或过低，日照不足或过强，缺氧，空气污染，土壤酸碱或盐渍化，农药使用不当，环境污染等不利的环境因素。

（2）侵染性病害原

引起侵染性病害的原因主要是真菌、细菌、病毒类、菌原体、线虫等病原生物。这些病原生物简称病原物，其中真菌、细菌又叫病原菌。依靠吸收果树的营养物质而生存的病原物又叫寄生物，给病原物提供营养物质的果树叫寄主。

在传染性病害中，具有致病力的病原物的存在，及其大量繁殖传播，是果树病害发生发展的重要因素，因此，消灭或控制病原物的传播是防治果树病害的重要措施。

2. 感病果树

果树病害的发生必须有感病果树的存在。果树作为活的生物，对于病原物的侵害必然有抵抗的反应，这种病原与果树的相互作用，决定病害的发生与否和发病程度。因此，有病原存在，果树不一定生病。病害的发生取决于果树抗病能力的强弱。如果果树抗病性强，即使有病原存在也可以不发病，或发病很轻。所以，栽培抗病品种和提高果树的抗病性，是防治果树病害的主要途径之一。

3. 环境条件

在侵染性病害中，病原物的侵染和寄主的反侵染活动，始终贯穿于果树病害发展的全过程。在这一过程的进展中，病原物与果树之间的相互作用，时刻受到外界环境条件的影响和制约。环境条件包括温棚小气候、土壤、栽培方式等非生物因素和人、昆虫、其他动物及微生物等生物因素。环境因素一方面可以影响病原物，促进或抑制其发生发展；另一方面也可以影响果树的生长发育，左右其感病性或抗病力。因此，当环境条件有利于果树生长时，果树保持健康状态，抗性增强，不利于病原物的活动，病害就难以发展或发展缓慢，甚至病害侵染过程终止，果树受害轻微。反之，环境条件不利于果树生长时，果树抗性下降，病原物就会乘虚而入，病害就能顺利发生，迅速发展，果树受害严重。

生物在长期的进化过程中，经过自然的选择，自然界呈现出一种平衡共存的状态，果树和病原也是这样。人类作为一种特殊的因素，其生产和社会活动影响了这种自然生态的平衡。如设施果树就是在人工环境下，反季节集约化栽培的一种生产方式。能否创造一种适宜果树生长的人工环境，对病害防治来说尤为主要。

（三）病害的症状类型

1. 症状的概念

症状果树得病后，在外部形态上所表现出来的不正常变化称为症状。症状可分为病状和病征。病状是感病果树所表现出来的不正常状态。

病征是病原物在得病果树上所表现出来的特征。如葡萄房枯病在叶片上形成病斑是病状，后期在病斑上长出的小黑点就是病征。所有果树病害都有病状，而病征只有真菌、细菌较明显；病毒，植原体等引起的病害无病征；线虫多数在果树体内寄生，一般体外无病征；非侵染性也无病征。病害一般先表现病状，而病征常在病害发展的某一阶段才能显现。

2. 症状类型

（1）变色

果树发病后叶绿素含量减少，病部失去正常的绿色，表现出黄化、花叶、褪绿、花脸等。

①黄化

是局部叶片均匀褪绿，进一步发展导致白化。一般由病毒、植原体和生理原因引起，如桃黄化病。

②花叶

是局部叶片颜色深浅不匀，浓绿和黄绿互相间杂，有时出现红、紫斑块。一般由病毒引起，如桃花叶病。

③褪绿

是全叶变为淡绿色或黄绿色。一般由环境不适引起，如桃树缺铁症。

④花脸

是果实表面颜色深浅不匀，浓绿和黄绿互相间杂。一般由病毒引起，如苹果锈果病。

（2）坏死

果树发病部位细胞和组织死亡，形成斑点、疮痂和溃疡等。

①斑点

多发生在叶片上，也可出现在果实上，颜色、形状、大小不一，病斑后期有的出现霉点或小黑点。一般由真菌、细菌或虫害引起，如樱桃叶斑病。

②疮痂发

生在叶片、果实和枝条上，形成表面粗糙的斑点，由于局部细胞增生而稍微突起，形成木栓化的组织，多由真菌引起，如桃疮痂病。

③溃疡

是枝干、皮层、果实等水分较少的组织染病，病部潮湿坏死，形成凹陷病斑，病斑周围常为木栓化愈伤组织所包围，后期病部常开裂，并在坏死的皮层上出现黑色的小颗粒或小型盘状物。一般由真菌、细菌或日灼引起，如梨树溃疡病。

（3）腐烂

是发病部位较大面积的组织死亡和解体。

①腐烂的分类

多汁幼嫩的组织常为湿腐。含水较少、较硬的组织常发生干腐。发生在不同的部位可分别称为根腐、茎腐、果腐、花腐等，一般由真菌、细菌引起，如桃干腐病、桃褐腐病。

②流胶

枝干局部有胶质自树皮流出，一般由真菌、细菌、生理原因或损伤引起，如桃树流胶病。

③脓菌

从病部溢出脓状物液，干后结成菌膜或小块状物。由细菌引起，如桃细菌性穿孔病枝条溃疡。

（4）萎蔫

是茎基坏死、根部腐烂或根的生理功能失调而表现失水，或后期枯萎状态。

①枯梢

枝条从顶端向下枯死，甚至扩散到主干上。一般由真菌、细菌和生理原因引起。

②枯萎

由于干旱或根系腐烂或输导组织受阻，部分枝条或整个树冠的叶片凋萎、脱落或整株枯死。一般由真菌、细菌和生理原因引起。

（5）畸形

通常包括叶片变小、皱缩、肿胀或形成毛毡、枝条带化、果实变形等。一般由真菌、螨类或其他原因引起。

①肿瘤

枝干和根上形成各种不同形状和大小的瘤状物。一般由真菌、细菌和线虫或生理原因引起，如葡萄根癌病。

②丛枝

顶芽生长受抑，侧芽、腋芽迅速生长，或不定芽大量发生，发育成小枝，叶变小，节间变短，枝叶密集丛生。一般由真菌、植原体或生理原因引起，如枣疯病、桃缩叶病。

3.病征

霉状物病原真菌在病部产生各种颜色的霉层、霜霉、青霉、灰霉、黑霉、赤霉、烟霉等，如葡萄霜霉病。

（1）粉状物

病原真菌在病部产生各种颜色的粉状物，如葡萄白粉病。

（2）锈状物

病原真菌在病部产生黄褐色锈状物，如桃褐锈病。

（3）点状物

病原真菌的繁殖器官表现为褐色或黑色粒点，如樱桃叶斑病。

（4）线状物

病原真菌在病部产生的线状物颗粒状结构，如苹果白绢病。

（5）马蹄状物

病原真菌繁殖体，如桃木腐病。

（6）胶状物

由真菌、细菌、生理原因或损伤引起的。枝干局部自树皮流出的胶质物，如杏流胶病、桃流胶病。

（7）脓状物

是细菌与树液从病部溢出脓状混合物，如桃细菌性穿孔病枝条溃疡。

二、常见病害的特征

（一）非侵染性病害的病原特征

设施果树在生长发育过程中，要求一定的环境条件。当环境条件不适宜，超出果树的适应范围时，果树生理活动就会失调，表现失绿、矮化、萎蔫甚至死亡。引起非侵染性病害的原因多种多样，常见的有如下几种：

1. 物理因素

（1）土壤失水

果树的正常生理活动，需要在体内水分饱和的状态下进行，水是原生质的组成成分，是果树生长发育不可缺少的条件。在土壤长期干旱缺水的条件下，生长发育受到抑制，可引起果树叶片凋萎、黄化、花芽分化减少、早期落叶、落果。前期干旱后期水分过多，易造成苹果、李、杏、葡萄等的一些品种发生裂果。土壤水分过多，往往会发生水涝现象，使根部窒息，引起腐烂，常发生萎蔫现象，甚至死亡。根系受损害后会引起地上部分叶片发黄、花色变浅及落叶落花，茎干生长受阻，严重时植株死亡。

出现水分失调时要根据实际情况适时灌水或及时排水。

（2）高温干旱

常会引起果树枝干、叶、果实的局部灼伤，树干灼伤常发生在西南面，在树干和主枝上发生时可造成枝干形成层枯死，树皮龟裂和木质部外露。果实日灼常发生在向阳面，叶片较少的树冠外围，在果实表面产生干斑或裂果，露地葡萄和苹果易发生日灼。冬季低温可引起冻害，可使树皮开裂，枝条髓部变色。春季晚霜可使果树花芽受冻变黑，不能结实或结实后易早落。叶片受冻常自叶尖或叶缘呈水渍状，解冻后叶片变软下垂，严重时全叶坏死。低温还会引起苗木冻拔。

秋季树干涂白是保护果树免受日灼和冻害的有效措施。

（3）光照不足

光照不足可使叶片变薄，颜色变淡，引起落叶；果实着色差，味淡。棚膜积灰积水透光差，栽植过密，修剪不合理，留枝过多，棚膜上的保温被打开不及时等，可造成光照不足。

选用透光性好的无滴棚膜，及时清理棚膜积灰、积雪、积水，合理密植，适度修剪，适时揭苫，可有效改善光照。

（4）通风不良

温棚是一个密闭的环境，通风不及时，栽植过密，修剪不合理，留枝过多，易造成棚内高温、高湿、闷热。昼夜温差大时，会使叶缘积水诱发叶部病害。

适时打开通风口，有利于通风换气、透光。改善环境条件，提高果树生长势，可减少病害发生。

2. 化学因素

（1）营养失调

果树的生长发育需要多种营养物质，土壤中缺乏某些营养物质时，会影响果树正常的生理机能，引起果树缺素症。

①缺氮

主要表现为植株矮小，发育不良，分枝少，叶片失绿、变色，花小和组织坏死。在强酸性缺乏有机质的土壤中易发生缺氮症。

②缺磷

果树生长受抑，植株矮化，叶片变成深绿色，灰暗无光泽，有紫色素，最后枯死脱落。病状先在老叶上出现。生荒土或土壤黏重板结易发生缺磷症。

③缺钾

果树叶片常出现棕色斑点，不正常皱缩，叶缘卷曲，最后焦枯。红壤土一般含钾量低，易发生缺钾症。

④缺铁

缺铁主要引起叶片失绿、白化和黄叶等。缺铁首先表现为枝条上部的嫩叶黄化，下部老叶仍保持绿色，逐渐向下扩展到基部叶片。碱性土壤常易发生缺铁症。

⑤缺镁

症状同缺铁症相似。区别在于缺镁时先从植株下部叶片开始褪绿，出现黄化，渐向上部叶片蔓延。镁与钙有拮抗作用，当钙过多有害时，可适当加入镁起缓冲作用。

⑥缺硼

引起植株矮化，芽畸形、丛生、缩果和落果。

⑦缺锌

引起新枝节间缩短，叶变小发黄，有时顶部叶片簇生。

⑧缺钙

植株根系生长受抑，嫩芽枯死，嫩叶扭曲，叶缘叶尖白化，提前落叶。

⑨缺锰

引起叶脉间变成枯黄色，叶缘及叶尖向下卷曲，花呈紫色。症状由上向下扩展。一般发生在碱性土壤中。

⑩缺硫

叶脉发黄，叶肉组织仍保持绿色，从叶基部开始出现红色枯斑，幼叶表现更明显。

发生缺素症时可通过增施有机肥改良土壤，补充所缺营养元素进行治疗。

（2）土壤酸碱度不适

土壤酸碱度不适易表现出各种缺素症，并诱发一些传染性病害。微酸性土壤易缺磷缺锌，石灰性土壤易发生缺铁性黄化。微碱性土壤有利于细菌性病害发生。多施有机肥可改良土壤，调节酸碱度。

（3）有毒物质的影响

土壤和空气中的有害气体，土壤中的有害物质可使果树中毒。

空气中的有害气体有二氧化硫、氟化物、臭氧、氯气、粉尘。化工厂排出的二氧化硫造成叶片不均匀褪绿，在叶脉间形成白斑；砖瓦厂排出的氟化物使果树幼叶叶尖和叶缘呈油浸状，由黄变褐，严重时干枯脱落；大气氟污染葡萄最敏感，梅、李、杏、桃次之。一般未展开的幼叶不受氯化物侵害，成熟叶最易受害，老叶次之；农药、化肥、植物生长调节剂等使用不当，可使果树发生不同程度的药害，叶片常产生斑点或焦枯脱落，幼嫩部分最易受害；水质和土壤污染也可对果树引起毒害。为了防止有毒物质对果树的毒害，应合理使用农药和化肥，远离污染源，不灌化工厂排出的废水。

（二）侵染性病害的病原特征

1. 病原真菌

在自然界真菌的分布非常广泛，空气、水、土壤中都存在。在果树病害中，由真菌引起的病害占80%以上。

（1）真菌的形态

真菌没有根茎叶的分化，不含叶绿素，不能进行光合作用，所需的营养物质全靠其他生物有机体供给，真菌典型的繁殖方式是产生各种类型的孢子。

真菌孢子萌发产生的单根细丝称为菌丝，菌丝不断生长产生分支，许多菌丝集聚在一起称菌丝体。菌丝是营养体，能产生吸收养分的吸收器官，伸入寄主组织摄取水分和养分，不断生长发育。在一定的条件下菌丝发生变态，交织成各种特殊结构，增强真菌的繁殖、传播和抵抗不良环境的能力，如粒状的菌核、绳索状的菌索、毡状的菌膜、垫状的子座等。

真菌生长到一定阶段会产生繁殖器官，在繁殖器官上产生各种各样的孢子进行繁殖。

真菌有无性和有性两种繁殖方式。

无性繁殖是不经过性细胞结合产生的繁殖体，有鞭毛的游动孢子；包在囊中的孢囊孢子；产生于孢子梗上的分生孢子；由菌丝断裂形成柱状的节孢子；从一个细胞生芽而成的芽孢子；细胞壁变厚形成的厚垣孢子等。

有性繁殖是性细胞或性器官结合产生的繁殖体，有卵孢子、接合孢子、子囊孢子、担孢子等。真菌的有性孢子一般在生长季节末期形成，往往一个生长季节繁殖体只产生一次，具有较强的抗逆性，可渡过不良环境，成为第二年的初侵染来源。

（2）真菌的生活史

真菌从一种孢子萌发开始，产生菌丝，菌丝经过一定时间的生长发育，最后又产生同一种孢子的过程称真菌的生活史。典型的生活史一般包括无性阶段和有性阶段。一般情况是有性孢子萌发产生菌丝体，菌丝体在适宜的条件下产生无性孢子，无性孢子萌发产生新的菌丝体，再产生无性孢子，在一个生长季节中反复多次。无性阶段重复的次数越多，所产生的无性孢子数量就越多，侵染寄主的可能性越大。生长季节末期，真菌产生有性孢子，完成从有性孢子萌发开始到产生下一代有性孢子的过程。在有些真菌的生活史中，只有无性阶段，或极少有性阶段。也有些真菌的生活史中不产生或产生很少孢子，侵染过程由菌丝来完成。

（3）真菌的特性

真菌不含叶绿素，自身不能制造养分，只能从寄主中吸收营养。根据吸收营养的方式可将真菌分为以下三种类型：

只能从无生命的有机物中获取营养物质，称专性腐生。专性腐生菌不能侵害活的果树组织，不会引起果树病害。

既能从无生命的有机物中获取营养物质，也能从活的植物中获取营养物质，称兼性腐生。兼性腐生菌是果树病害的主要寄生物。只能从有生命的有机物中获取营养物质，称专性寄生，是某些重要病害的专性寄生菌，如引起锈病和白粉病的真菌。

真菌的生长要求一定的温度、湿度、光照、氧气和酸碱度等环境条件。当环境条件不适宜时，真菌可以发生某种适应性变态。大多数真菌生长发育的最适温度为 $20 \sim 25℃$，在生长季节进行无性繁殖，秋末温度较低时进行有性繁殖。真菌是喜湿生物，大多数真菌孢子萌发需要 90% 以上的相对湿度。菌丝的生长也需要较高的湿度，但在 75% 的相对湿度时生长良好。温湿度的良好配合有利于真菌的生长发育。菌丝的生长一般不需要光线，但有些真菌需要一定的光线才能产生孢子。真菌生长发育还需要一定的氧气。真菌生长发育的酸碱度范围是 pH3~9，最适的范围是 pH5.5~6.5。真菌主要通过植物的气孔、皮孔、蜜腺等自然孔口或伤口侵入，也可以直接侵入。病原真菌通常在病株或残体上越冬，主要通过空气、雨水飞溅、流水、昆虫、线虫和带菌的种苗、接穗和土壤等进行传播。一般高温、多雨、湿度大、施用氮肥过多等，都有利于真菌病害的发生和流行。

（4）真菌病害的症状特点

真菌引起的病害一般都有明显的症状，几乎包括了所有的病害症状类型，主要有斑点、溃疡、腐烂、枯梢、枯萎、畸形、疮痂、肿瘤、丛枝、流胶等。这些症状上或迟或早会出现各种颜色的霉状物、粉状物、点状物、菌核、菌索、蘑菇等病征，这是真菌病害的主要标志。

2. 病原细菌

（1）细菌的形态

果树病原细菌是单细胞生物，单个的细菌多为杆状、螺旋状、球状等，许多细菌聚集在一起呈黏稠的菌落，侵染果树的细菌都是杆状的，一端或两端生有鞭状毛。细菌可借鞭状毛在水中游动，细菌的繁殖方式是分裂，繁殖速度很快，在适宜的环境条件下每分钟可分裂1次。细菌没有吸收营养的特殊器官，而依靠细胞膜的渗透作用直接吸收寄主体内的营养，同时它能分泌各种酶，使不溶性物质转化为可溶性物质供其吸收利用。

（2）细菌的特性

果树病原细菌可在人工培养基上培养，生长的最适温度为26~30℃，细菌能忍耐低温，对高温较敏感，在50℃下处理10min多数都会死亡，大多数果树病原细菌在中性偏碱、通气良好的环境中生长良好。细菌主要通过果树的气孔、皮孔、蜜腺等自然孔口或伤口侵入，主要条件是高湿度，自然孔口充满水分才能侵入寄主体内。

（3）细菌病害的症状特点

细菌性病害发生初期，病斑呈半透明水渍状晕圈，后期空气潮湿时有菌脓溢出。其症状有斑点、溃疡、穿孔、癌肿、枯萎等类型。细菌引起的系统性病害，可见枝条、根等切口上有典型的菌液。病原细菌通常在病株或残体上越冬，主要通过雨水飞溅、流水、昆虫、线虫、风和带菌的种苗、插条和土壤等进行传播。一般高温、多雨、湿度大，施氮肥过多等都有利于细菌病害的发生和流行。

3. 病原病毒

（1）病毒的特性

病毒是一类极小的非细胞形态的专性寄生物。在电子显微镜下病毒粒子呈杆状、球状和纤维状。病毒的寄生性很强，必须在活的果树组织中才能生活，不耐高温，对紫外线敏感，适宜的酸碱度在 pH6~9，繁殖方式是复制。

（2）病毒病害的症状特点

病毒由刺吸式口器的害虫、病株和健康株之间的接触摩擦、嫁接操作活动及种苗调运等进行传播，由微伤口侵入。病毒进入韧皮部，随营养液向下移动，先进入根部，然后向地上部分移动，扩散到果树全株，引起黄化、花叶、矮化、畸形、萎蔫等系统性全株病状。果树病毒病只有明显的病状而没有病症。对于病毒病目前还没有有效的防治药物，主要的措施是发现病株时及时清除，消灭传毒昆虫，减少伤口，控制传播，高温脱毒，培养无毒苗等。

4. 病原植原体

（1）植原体的特性

植原体又叫类菌质体，是一类形态结构介于细菌和病毒之间的非细胞形态的低等生物。许多特性类似病毒，形态多变，常为近圆形到不规则的球形和螺旋形。它是通过二均分裂、出芽生殖和形成小体后再释放出来等三种形式繁殖的。

（2）植原体病害的症状特点

植原体由刺吸式口器昆虫的取食，或苗木嫁接、修剪等活动传播，从伤口侵入，在果树体中随营养液流动传遍整个植株，进行全株性系统侵染，引起黄化、丛枝、萎缩、花器变形等症状。防治上采用消灭传毒昆虫，茎尖组织培养脱毒苗，用四环素、金霉素、地霉素和土霉素等抗菌素反复浸根等方法。

5. 病原线虫

（1）线虫的特性

线虫是身体微小，多呈线形，白色或透明的一类低等动物。因其虫体微小，为害情况与病害症状类似，所以常归入病害。线虫生活史分为卵、幼虫和成虫三个阶段。多数线虫在 3~4 周内完成整个生活史，一年可繁殖数代，大部分生活在土壤耕作层，最适宜的温度为 20~30℃，最适宜的土壤温度为 10~17℃，多数线虫在沙壤土中容易繁殖侵染。

（2）线虫病害的症状特点

一般以卵和幼虫在果树组织内或土壤中越冬，主要通过灌溉水、土壤、人为活动等传播，远距离主要通过种子和苗木的调运传播。线虫引起的症状分地下、地上和全株三类。地下症状有根部停止生长、卷曲、肿瘤、丛根、组织坏死和腐烂；地上有顶芽、花芽坏死，茎叶卷曲或组织坏死，形成叶瘿等；全株症状有植株生长衰弱、矮小、发育迟缓，叶色变淡萎黄，类似缺肥营养不良。

通过轮作、间作和施肥可有效减轻危害。用热水或杀线虫药剂（丰克磷、灭克磷）处理休眠材料。处理时要注意热水的温度、药液的浓度和浸泡时间。土壤用氯化苦、呋喃丹、克线磷、涕灭威、壮棉氮、甲基异柳磷等药剂进行消毒处理或土壤加热处理。

6. 病原瘿螨类

（1）瘿螨的形态

瘿螨是蜘蛛的一类，因其虫体微小，为害情况与病害症状类似，所以常归入病害。瘿螨多呈蛆状，有 2 对足，体分头、胸两部分。有卵、幼虫和成虫三个虫态。

（2）瘿螨引起的症状

瘿螨引起的症状有畸形、虫瘿、毛毡、丛生、花器变色等。

瘿螨对果树种类一般都有一定的选择性，有的只寄生几种果树，有的则能寄上百种果树。有些瘿螨致病性很强，果树受害后很快死亡，而另一些瘿螨致病性较弱，果树被寄生后无明显症状，只有果树长势衰弱时才发病。

果树对病原物的侵染可表现为，受侵染后容易得病且较重，称感病；果树感病后得病较轻称耐病；果树可以抵抗病原物的侵入、扩展和毒害称抗病；果树可以抵抗病原物的侵入，或不表现任何症状称免疫。不同种的果树或同种果树的不同植株，或同一植株的不同部位、不同发育阶段其抗病性不完全相同。果树长势强弱对抗病性影响很大。偏施氮肥，温度不适，水分失调，光照不足，果树长势弱，组织幼嫩都会降低抗病性。可采取杂交或诱变育种的方法，选育优良抗病品种提供果树的抗病性。

（三）果树病害的发生发展

1. 侵染程序

从病原物与果树接触、侵入，到果树发病表现症状所经历的全部过程，称为果树病害的侵染程序。这一过程分为四个时期。

（1）接触期

从病原物与果树接触到开始萌发入侵称接触期。病原物只有与果树感病部位接触才有可能侵入寄主，接触期能否顺利完成，要受空气、温度、湿度、光照、寄主表面的湿度和渗出物及微生物群落的拮抗作用和刺激作用等因素的影响。只有克服了各种不利因素，病原物才能顺利完成与果树的接触。接触期的长短与病原物的种类有关，病毒、类菌质体的接触与侵入是同时完成的；细菌从接触到侵入几乎同时完成；真菌在条件适宜时几小时就可以完成。阻止病原物与果树感病部位接触就能防治或减少病害发生。

（2）侵入期

从孢子萌发到同果树建立寄生关系称侵入期。病原物的侵入途径一般有以下三种：真菌的孢子萌发以后可以借助芽管的机械压力，或酶的分解能力，直接穿透表皮层和角质层侵入果树体内；大多数病原物还可以从修枝伤、虫伤、灼伤、冻伤、机械损伤等伤口和叶痕侵入；一些真菌可以从皮孔、气孔、水孔、蜜腺等自然孔口等侵入。

病原物能否侵入果树建立寄生关系，与病原物的种类、果树的抗病性和环境条件有密切关系。湿度和温度影响最大，大多数真菌孢子萌发离不开水分，甚至必须在水滴中才能萌发。多雨的季节或温棚通风不良，湿度大病害就发生严重。干旱季节或温棚通风好，湿度小发病就轻或不发病。适宜的温度可以促进孢子萌发，缩短侵入所需的时间，光照和营养物质对侵入也有一定的影响。喷洒保护性杀菌剂，减少和保护伤口，控制侵入发生的条件，是防治侵染性病害的有效措施。

（3）潜育（伏）期

从病原物侵入果树与寄主建立寄生关系开始，到果树表现出症状称为潜育期。潜育期是病原物在果树体内获得营养物质、水分，生长、蔓延、扩展的时期。潜育期的长短与病原物的生物学特性、果树的生理状况、抗病性及环境条件有关。温度起主要作用，在一定的温度范围内，温度升高潜育期缩短，通常病毒类、菌原体的潜育期一般为 3~27 个月，叶斑病 1~2 周。

（4）发病期

从果树发病表现出症状开始，到症状停止发展称为发病期。在这一阶段由于果树受到病原物的干扰和破坏，在生理上、组织上发生一系列的病理变化，病部出现典型的症状，然后逐渐出现病症。

病原细菌多在病斑边缘出现菌脓；真菌出现菌丝或孢子。温度、湿度、光照对真菌孢子的产生都有一定的影响。病害症状停止发展后，病部组织衰退或死亡，侵入过程停止。病原物繁殖体进行再侵染，病害继续蔓延扩展。

2. 侵染循环

果树从一个生长季节开始发病，到下一个生长季节再度发病的过程称果树病害的侵染循环。侵染循环包括初侵染、再侵染、病原物越冬和病原物传播几个阶段。

（1）初侵染和再侵染

越冬后的病原物在果树开始生长发育后第一次侵染称为初侵染。在同一个生长季节，初侵染以后的每次侵染都称为再侵染。有些病害一年只有一次侵染。大多数果树病害都有再侵染。这类病害的潜育期较短，条件有利时可连续不断地进行再侵染，发展、蔓延、扩大危害，引起病害流行。再侵染的次数与潜育期的长短有关，潜育期短的病害，再侵染的机会就多，环境条件对病原物有利，潜育期就短，再侵染的次数就多。

在防治方面，一年只有一次侵染的病害只要清除越冬病原物，或消灭初侵染源病害就可以得到控制。对于有再侵染的病害，除了清除越冬病原物外及时铲除病株，消灭再侵染源也是行之有效的措施。

（2）病原物越冬

在秋末，由于环境的改变，病原物逐渐进入休眠状态。病原物的越冬都有相对固定的场所，如带病的种子、苗木、接穗，带病的果树、枯枝、落叶、病果，土壤、肥料等。

查明病原物的越冬场所，采取相应的措施进行控制或消灭，是预防病害发生的有效措施。如在休眠期扫除枯枝落叶，清除带病的残体烧毁或深埋。带病的种子、苗木、接穗可远距离传播病害，需要检疫，或进行种子处理，苗木消毒，杜绝病害的传播扩大蔓延。带病的果树可清除病枝，刮除病斑。对一年只发生一次的锈病，可通过铲除转主寄主，切断侵染循环，控制锈病发生。对带菌土壤进行消毒，施用有机肥时要充分腐熟，防止土壤肥料带菌传播。

（3）病原物的传播

在传染性病害的发生过程中，了解病原物的传播途径，可以设法阻止传播，中断侵染循环，控制病害的发生与流行。病原物真菌的孢子小，质量轻，能在空气中飘浮，主要由气流传播。真菌的孢子堆和细菌的菌落在水中溶散，随水流和雨水的飞溅作用进行传播。病毒类、菌质体和有些真菌、细菌、线虫等病原物可由害虫传播。人类在嫁接、修剪果树、耕作时病原物可通过工具传播。调运种子、苗木，或其他繁殖材料和农副产品时，病原物可借运输工具进行远距离传播。我们应提高防病意识，加强检疫控制人为传播。

3. 病害发生

病原物对果树的侵染时刻都在发生，在一段时期，一个地区内，某种果树受到某种果树病害的严重危害，遭受巨大经济损失的现象称病害流行。病害流行需要三个条件：有大量易于感病的果树，有大量致病力强的病原物，有适合病害大量发生的环境条件，缺一不可。

（1）寄主

设施园艺栽培的主要目标是优质高产，人们往往忽略了果树的抗病性，再加上树种单一，集约化高密度的栽培，对病原的传播和病害的发生都非常有利。

（2）病原物

果树是多年生植物，得病后病原物隐藏在寄主体内，病株残体清理不彻底或处理不当，均有利于病原物的积累。在一个生长季节连续多次再侵染，病原物就会迅速积累。对于没有再侵染的病害，每年病害流行的程度主要取决于病原物最初的数量。有再侵染的病害，新传入的病害，借气流传播的病害比较容易造成流行。

（3）环境条件

环境条件同时作用于果树和病原物，不但影响果树的生长发育和抗病力，也影响病原物的生长、繁殖、侵染、传播和越冬。当环境条件有利于果树时不发病或发病轻，当环境条件有利于病原物，不利于果树时可引起病害流行。环境条件方面主要是温度、湿度、灌水和光照。温棚在阴天，光照不足，灌水后湿度大时易发病，栽植密度大，修剪不合理，水肥管理不当，土壤理化性状不适也易发病。

病害的发生是果树、病原物、环境条件三方面综合作用的结果，影响病害发生的因素是多方面的、综合的、复杂的，但是对某一种病害而言，其中必有某一种因素是主要的，起主导作用的、决定性的。在进行病害防治时，要掌握病害的发生特点和规律，认真分析，从中找出影响病害发生的主导因素，针对这一因素，采取相应的措施才能收到较好的效果。设施园艺为设施果树病害的发生和流行提供了条件，也为病害的预防和控制创造了条件，只要充分发挥人的积极作用，对环境进行有效控制，就能减少病害发生，减轻危害。

（四）果树病害的诊断

进行果树病害的诊断，首先是为了查明发病原因，确定病原的种类，然后再根据病原的特性和发病规律对症下药，及时进行有效的防治。对于一般的病害，可根据症状特点做出判断。对特殊的、新传入的、症状容易混淆的病害，必须进行认真的大量调查、研究、试验、分析才能确诊。

1. 病害诊断的步骤

（1）现场调查

当我们发现果树得病时，先要对发病现场进行认真观察，了解病株的分布情况、发生面积、果树品种、土壤性质、发病期间的施肥、灌水、打药、温度、湿度、光照、通风换气等情况，并对栽培管理措施进行全面的分析，作为病害诊断的参考，并采集典型症状标本做进一步观察。

（2）症状观察

每种果树病害的症状，都有一定的、相对稳定的特征，掌握果树病害的典型症状，是快速诊断果树病害的基础。病害症状一般都可用肉眼或放大镜进行识别，特别是许多常见病害和症状特征非常明显的病害，都可以通过症状观察进行诊断。可利用果树病害彩色图谱做看图识病害的初步诊断，但是病害症状在某些情况下也会发生变化，同一种病原物在不同的果树上，或在同一果树的不同发育阶段、不同器官上，或不同的环境条件下，可能会出现不同的症状。不同的病原物也可能引起相同的症状，如真菌、细菌，甚至霜害都能引起桃、李穿孔病症状。类菌质体、真菌、细菌都能引起丛枝症状。缺素、类菌质体和病毒等都能引起黄化症。因此，仅凭症状有时也不能确诊。还需要对发病现场进行认真的观察和全面调查，进一步分析发病原因，或请专业技术人员帮助诊断，鉴定病原物。病原物的鉴定要有一定的专业知识和显微镜设备才能进行。

（3）显微镜观察

一般由专业技术人员来完成。如果显微镜检查诊断遇到腐生菌或次生菌干扰，所观察的菌类还不能确定是不是真正的病原物时，必须进一步进行人工诱发试验来诊断。

（4）人工诱发试验

具体方法是先从病组织中把病菌分离出来，人工接种到同种果树健康植株的相同器官组织上，以诱发病害。如果被接种的健康植株产生同样的症状，并能再一次分离出相同的病菌，就能确定该菌是这种病害的病原物。

2. 病害的诊断方法

（1）损伤、病害、侵染性病害、非侵染性病害的区别

根据症状特点，首先区别是损伤还是病害，再区别是侵染性病害还是非侵染性病害。损伤是短时间内发生的伤害，没有病理变化过程；病害有从生理到组织再到形态的病理变化过程。非侵染性病害没有明显的病征，常成片发生；侵染性病害大多有明显的病征，常呈零散分布。

（2）真菌病害

一般都有明显的症状，几乎包括了所有的病害症状类型，或迟或早出现的病征是真菌病害的主要标志。如各种颜色的霉状物、粉状物、点状物、菌核、菌索、蘑菇等，一般根据病原物的形态可以确定病菌的种类。病部尚未出现繁殖体时可用湿纱布保湿24h，待病征出现后做进一步的鉴定，必要时须做人工接种试验。

（3）细菌病害

果树细菌性病害的病状有癌肿、穿孔、溃疡、枯萎等，病状多表现为急性坏死型病斑，初期呈水渍状，边缘有褪绿的晕圈。病征是在潮湿时从病部的气孔、皮孔、水孔和伤口或枝条、根的切口处有黏稠状脓菌溢出，干后呈胶膜状或胶粒状。少数肿瘤病害很少有脓菌溢出。对疑难病害或新病害必须进行分离培养接种才能确定。

（4）病毒病害

病毒病都有明显的病状，如黄化、花叶、畸形等，常易与非侵染性病害的缺素、环境污染引起的病害相混淆。病毒病引起的病害无病征，病株呈零散分布，附近有健康植株。如为昆虫传毒时边缘地带受害重，果树得病后不能恢复正常。非侵染性病害多为成片发病，环境条件改变时可得以恢复。必要时可用病株与健株摩擦接种进行试验，健株如染病可基本确定为病毒病。

（5）类菌质体病害

类菌质体引起的病害症状主要是黄化和丛枝，无病症，易与病毒病相混。但类菌质体对抗生素敏感，可用其对抗菌素的敏感性进行鉴别。

（6）线虫为害

线虫为害的症状是根结、肿瘤、茎叶扭曲、畸形、叶尖干枯、须根丛生、长势衰弱，与缺素症相似。线虫病害主要发生在根部。可通过有针对性地施用相应的元素，观察症状变化来判断，若症状有改变则多为缺素症。或施用杀线虫剂，若有效则多为线虫为害。

（7）非侵染性病害

非侵染性病害的病害发生与环境条件、土壤、栽培措施有关。病株分布较均匀，面积大，成片发生，没有发病中心，也没有从点到面的发展过程；病株如为缺素症、水害等则表现为全株发病，植株间不传染，病株只有病状无病征，症状类型有变色、枯死、落花、落果、畸形和生长不良等；高温、日灼和药害可引起局部病变。可通过有针对性地施用相应的元素或改变环境条件，观察病株的变化来确定，有条件的可进行化验分析测定来确定。

三、果树害虫的基本知识

（一）昆虫的生物学特性

1. 昆虫的生殖方式

昆虫为了繁衍后代进化出了多种生殖方式。

（1）两性生殖

雌雄交配后卵受精产生后代的生殖方式称为两性生殖。

（2）单性（孤雌）生殖

雌虫产下不受精的卵也能产生后代的生殖方式称为单性（孤雌）生殖。

（3）多胚生殖

一个卵发育成两个以上个体的生殖方式称为多胚生殖。

（4）卵生

雌虫产卵繁殖后代的生殖方式称为卵生。

（5）胎生

雌虫直接产出小若虫的生殖方式称为胎生。

2. 昆虫的变态

昆虫在生长发育过程中，要经过一系列内部器官及外部形态上的变化，才能转变为成虫。这种体态上的改变称为变态。变态可分为两类。

（1）完全变态

有卵、幼虫、蛹和成虫4阶段。成虫和幼虫形态不同，生活习性也完全不同。

（2）不全变态

有卵、若虫（幼虫）和成虫3阶段，成虫和若虫形态相似，生活习性相同，只是翅未长成，性器官未发育成熟。

因为有变态，昆虫形态更加多变。

3. 昆虫的生长发育

（1）卵期

昆虫的生长发育从卵开始，卵是一个大型细胞，内有卵核、卵黄、原生质和原生质膜，外有坚硬的卵壳，卵壳表面有蜡质。原生质膜和蜡质有防止水分蒸发和有害物质侵入的作用，坚硬的卵壳有抗压作用。因此，卵是一个防护性能非常完善的虫态，另外卵期是一个不活动多隐蔽的虫态，所以卵期不适合化学防治。卵的大小不一，颜色多变，形态各异。一群昆虫从第一个产卵开始，到最后一个产卵结束叫产卵期，一只昆虫从产下第一个卵开始，到最后一个卵孵化结束叫卵期，卵期短则几小时到几天，长则几十天，越冬卵要几个月。卵自离开母体后就进入了胚胎发育。

（2）幼虫期

在胚胎发育完成后，幼虫从卵壳中钻出来的过程叫孵化。由于幼虫在胚胎发育完成的不同阶段而孵化，因此，幼虫出现了几种类型。主要依幼虫身体分节和足的多少来划分。身体分节不完全，仅有胸足突起者称原足型；身体分节完全，既无胸足也无腹足称无足型；只有胸足而无腹足者称寡足型；既有胸足也有腹足称多足型；形态似成虫者称若虫型。

刚孵化出来的幼虫，有的要先取食卵壳然后吃寄主，大多数幼虫孵化后就开始直接为害寄主。幼虫取食一段时间后身体长大，皮肤（外骨骼）阻碍身体继续生长，幼虫就要蜕皮（外骨骼），蜕皮后身体继续长大。再取食一段时间后皮肤（外骨骼）又阻碍身体继续生长，昆虫的生长是周期性的，每蜕一次皮身体长大一次，直到幼虫老熟不再长大。幼虫的年龄大小用龄表示，从卵壳中钻出来幼虫的称为1龄，以后每一次蜕皮增加1龄，两次蜕皮间隔的时间称为龄期。幼虫的年龄短则3龄，一般为5龄，多则十几龄，每种昆虫的年龄是不同的，同种幼虫的龄期长短也不相同，雌虫常比雄虫多蜕1~2次皮。幼虫从卵壳中钻出来，开始取食为害植物，到不再取食（老熟）称为幼虫期，这一时期是一个积累营养、生长发育的时期，也是主要的为害时期，对蛾蝶而言是唯一为害的时期。

老熟幼虫已经完成了生长和营养积累，身体不再长大，为下一阶段的发育做好了准备，寻找适宜的场所（土壤中、树皮缝隙、枯枝落叶等处），或吐丝结茧进行自我保护，不吃不动准备化蛹。

（3）蛹期

幼虫蜕去最后一次皮，化蛹进入了下一个发育阶段。蛹从外表上看是一个不吃不动，但其内部发生着剧烈变化的阶段，幼虫器官解离，成虫器官重组。从幼虫蜕去最后一次皮化蛹，到成虫出来前的时间称为蛹期。蛹期少则2~3天，一般7~14天，以蛹越冬时要6个月以上。蛹依据其形态可分为三类。身体似成虫，触角足翅与身体分离者称离蛹。身体桶形，从外表看不到触角足翅称围蛹。身体枣核形，触角足翅与身体包在一起，只有腹部能动者称被蛹。蛹期，化蛹场所隐蔽，且蛹不吃不动，抗药性很强，不宜施药防治。

（4）成虫期

蛹期结束时，成虫从蛹壳中钻出称为羽化。一批蛹从第一个羽化开始到最后一个羽化结束称羽化期。一批成虫从羽化到死亡称为成虫期。成虫一般都有翅能飞，活动能力大大增强。成虫期的主要任务是交配、产卵、繁殖后代。大多数昆虫羽化时性还未成熟，羽化后还要取食增加营养性器官才能成熟，这种成虫的取食叫作补充营养，蛾蝶羽化时性已成熟，不再取食，只是吸食花蜜和露水。补充营养吸食花蜜和露水可使成虫延长寿命，增强繁殖力。性已成熟的昆虫多由雌虫释放性外激素，吸引雄虫前来交配，交配后不久雄虫死亡，雌虫几小时后开始产卵。

雌虫为后代的生存创造条件，卵产在幼虫孵化后就能找到食物场所。依据害虫的习性，为害植物的昆虫把卵产在植物的花、果实、根、茎、叶上。有的产在植物表面，也有的产在植物组织中，还有产在土壤中或动物体表或体内的。寄生性昆虫把卵产在寄主上。捕食性昆虫把卵产在猎物附近。有的单产，有的成堆。一个雌虫少则产几十粒卵，一般在几百粒到上千粒，蚂蚁、蜜蜂可以产几万到几十万粒，白蚁可以产上亿粒卵。昆虫从羽化到死亡称为寿命，雄虫寿命一般从几天到十几天，雌虫寿命较长，一般从十几天到几个月，甚至跨年度不等。

4. 昆虫的季节性发育

（1）昆虫的生活史

昆虫由卵经过幼虫到成虫再产卵的发育史叫生活史，称为一个世代，多数昆虫一年发生一代或几代，有些昆虫一年发生几十代，也有昆虫二年或三年发生一代。世代又称化性，一年发生一代的称一化性，一年发生二代的称二化性，依此类推。昆虫从当年越冬虫态开始活动到第二年越冬结束为止，一年中生长发育的历史称为年生活史。一年发生一代的昆虫年生活史和世代相同，一年发生几代的昆虫年生活史包括多个世代。一年发生几代的昆虫，在同一时期出现不同世代的虫态时称为世代重叠。有些种类的昆虫在春天从同一个虫态（卵或幼虫等）开始，由于发育速度不同，经过几代的繁殖，越冬到来时发育快的一部分个体已经完成了这一代；而发育慢的一部分个体还未完成这一代而进入休眠越冬，这种现象称为局部世代。

（2）休眠与滞育

昆虫为了生存，在长期的演化过程中形成了许多适应环境的特性，有些昆虫由于高温、低温或干旱、食物不足等条件恶化，或冬天到来等暂时停止生长发育，以度过不良环境，条件正常时又恢复生长发育，这种现象称为休眠。而有些昆虫一旦停止生长发育，即使环境恢复正常也不会继续生长发育，必须经过一定的时间和低温的刺激才能恢复生长发育，这种现象称为滞育。

休眠和滞育对于昆虫越冬越夏，度过不良环境，维持生存有重要意义。

（3）假死、拟态和保护色

有些昆虫为了逃避敌害，在受到惊扰时突然坠地不动称为假死。有些昆虫身体的颜色与环境保持一致，使敌害难以发现，称为保护色。有些昆虫身体的形状和颜色与其他物体非常相似，借以保护自己称为拟态。

（4）性二型和性多型现象

有些昆虫雌虫和雄虫的触角或花纹、颜色等不同称为性二型。有些昆虫如蜜蜂，蜂王和工蜂都是雌性，但形态不同称为性多型现象。

（5）趋性

许多昆虫对环境中的某些刺激有趋向或逃离的反应称为趋性。趋向称正趋性，逃离称负趋性。常见的主要有趋光性和趋化性等。

昆虫生长发育过程中，各虫态都有先后出现和一定的时间性。卵、幼虫、蛹和成虫在开始出现时称始期，出现最多时称盛期，即将结束时称末期。老熟幼虫停止取食到蜕去最后一次皮之前称预蛹期，成虫从羽化到产卵之前称产卵前期。

在防治害虫时，卵期和蛹期是不活动的时期，又有卵壳和蛹壳的保护，大多数隐藏或有保护物，不适合防治。若要防治应选择渗透性强的触杀性农药。幼虫期和成虫期活动性强，多暴露，接触药剂的机会多，适合防治。幼虫要选在 3 龄以前，成虫要选在产卵前期或产卵初期。选择触杀兼胃毒作用的药剂，温棚可选择具有熏蒸作用的药剂。

（二）害虫与环境的关系

我们把为害果树蔬菜农作物的昆虫、螨类和蜗牛都称作害虫，与害虫有关的因素统称为环境条件，害虫的发生除了与其本身内在的因素（繁殖潜力）有关以外，还受周围环境因素的支配和影响。影响害虫发生的环境因素是多方面的，主要分为非生物因素（温度、湿度、土壤）和生物因素（食物和天敌），另外还有人类的活动等。

1. 非生物因素

（1）温度

在果树生长季节我们能看见各种各样的昆虫到处活动，秋天能见到的昆虫种类和数量越来越少，冬天很难见到活动的昆虫，因为昆虫是变温动物，它自身没有固定的体温，而是随着环境温度的变化而变化，它们活动能力的强弱、生长发育的快慢，以及栖息分布的场所，都明显受周围环境温度的影响。每种昆虫生长发育，对温度都有一定的要求，只有在一定的温度条件下，它们才能活动、生长、发育。我们把昆虫能够生长、发育的温度范围叫作有效温度，这个温度范围一般在 8 ~ 40℃ 之间。其中，最适合昆虫生长、发育的温度范围叫作最适温度，通常是在 22 ~ 30℃ 之间。此时，昆虫生长、发育、繁殖等生命活动都处于最好状态。高于或低于有效温度昆虫生长、发育加快或放慢，寿命缩短或延长，但繁殖力都会降低。有效温度的下限即最低有效温度，叫作发育起点温度，一般在 8 ~ 15℃ 之间，达到这个温度开始活动和发育。高于 45℃ 或低于 8℃，昆虫就停止活动和发育，进入休眠或昏迷状态。但在一定的时间内，当温度重新降低或升高到有效温度时，昆虫又恢复活动和发育。如果温度高于 60℃ 或低于 10℃，昆虫就会死亡。

同一种昆虫，对温度的反应也因时间地点而变化。就抗寒能力来说，一般是生活在温带地区的昆虫比生活在热带地区的昆虫抗寒能力强，在同一地区，秋季发生的比春夏发生的抗寒能力强，但对高温的抵抗能力则恰恰相反。

在有效温度范围内，温度较高时昆虫发育较快，性成熟较早，但寿命较短，产卵期也短；温度较低时昆虫发育较慢，性成熟也晚，但寿命和产卵期较长；当温度超过有效温度范围时，对昆虫的繁殖和成活都不利。根据这些道理，我们可以温度的变化来推测害虫将要发生的时间和虫口数量的情况，并可以针对害虫的特点，利用高温、低温和温度的变化来杀死它们。

（2）湿度

我们通常所说的湿度指的是空气里含有的水汽数量。一般用相对湿度，按百分数大小来表示，百分数越大，空气越潮湿；百分数越小，空气越干燥。

害虫发生和湿度的关系实质上是昆虫和水的关系。昆虫和其他动植物一样，需要一定的水分来维持身体正常的生理活动，如果水分不足或缺乏，生理活动就不能正常进行，甚至会引起死亡。因此，湿度大小对昆虫的生命活动有着直接的影响。

昆虫对湿度像对温度那样，也有一定的要求和适宜的范围，一些虫害的幼虫发育多以相对湿度60%~90%为合适，但是在昆虫的生长发育过程中，对湿度的反应不如对温度反应那样灵敏。一般情况是湿度降低，昆虫体内水分蒸发加快，从而促使它们发育也加快；如果湿度过低或过高，则会使它们发育迟缓，甚至生病死亡。但是有些吸食果树汁液的昆虫，对湿度的反应很不明显。

湿度对昆虫成活和繁殖力的影响是比较显著的，一般情况是湿度较高昆虫的成活率也高，产卵量也较大。由于湿度对昆虫成活率和繁殖力有很大影响，因而，在自然条件下，湿度对害虫发生量的影响极大，喜湿的害虫在湿度较高时容易大发生，相反低湿条件下有利于其发育和繁殖的害虫，天气干旱时发生严重。

在自然界，大气湿度的升降主要是取决雨量的大小，在同一地区，不同的年份降雨变化远比温度变化大，因此，降雨的时期、次数、雨量，常成为影响许多果树主要害虫当年发生数量和为害程度的主要原因。如果通过天气预报知道未来降雨的情况，就可以根据不同害虫对湿度的要求，预测未来某种害虫的发生数量和为害程度。

（3）土壤

据报道有95%~98%的昆虫，其一生或其中的某一个阶段与土壤发生联系，因此，土壤是昆虫重要栖息环境。影响昆虫的土壤因素主要有土壤结构、酸碱度、温度、湿度等，土壤团粒结构好，质地疏松，有机质含量高，有利于害虫活动。有些害虫喜欢生活在酸性土壤，有些害虫喜欢生活在碱性的土壤中。土壤温度来源于太阳辐射强度，但变化不像大气温度变化那么剧烈，土壤温度对昆虫生长发育的影响与大气温度相似，但生活在土壤中的昆虫，在一年四季会随土壤温度的变化，在地下做上下迁移，栖息于最适的温度范围内。土壤湿度来源于降雨、灌溉和地下水，一般湿度较大，对大多数昆虫的隐藏、卵的孵化、幼虫化蛹、蛹羽化为成虫都非常有利，但土壤积水或湿度低于20%会对昆虫产生不利影响，甚至死亡。翻地、除草、施肥、灌水都会对昆虫产生直接或间接的影响。

2. 生物因素

（1）食物

昆虫和其他动物一样，在生活的过程中必须不断取食才能生长和发育，由于食物来源的限制，昆虫在长期的演化过程中形成了一定的特殊食性。按取食的对象来分，可分为腐食性（取食动植物的尸体）、肉食性（以活动物为食）、粪食性（取食动物粪便）和植食性（取食活的植物），所有为害果树和农作物的害虫都属植食性。为害果树的害虫，口器可分为咀嚼式和刺吸式两类。咀嚼式口器的害虫吞食果树组织，刺吸式口器的害虫吸食果树汁液，它们取食的果树种类和为害的器官都有一定的选择性。按取食果树种类的多少分为三类，单食性只取食很少几种果树，寡食性取食一科或少数几个科的果树，多食性可取食许多不同科的果树。按取食果树不同的器官分为吃叶害虫、茎秆害虫、根部（地下）害虫、花器害虫、果实害虫、种子害虫等，有的可取食果树几种器官。肉食性昆虫又分为捕食性和寄生性两类，捕食性昆虫就是专门捕捉取食昆虫和其他小动物的昆虫；寄生性昆虫就是专门附着或隐藏在昆虫和其他小动物身上或体内，以它们的营养或肉体为食的昆虫。捕食和寄生害虫的昆虫是害虫的天敌，是益虫，我们应该加以保护和利用。寄生在高等动物和益虫身上或捕食益虫的种类都是害虫，我们必须消灭它们。

了解昆虫的习性，对于预测预报害虫及防治工作有很大的帮助。单食性害虫只与它取食的果树有关，在一定的时间内只为害果树的某一器官，往往造成严重的损失。为了保护果树减少损失，可采取轮作倒茬等措施，创造不利于这种害虫发生的条件，使它在第二年出现的时候因得不到食物而大量死亡。在益虫的利用方面，无论是寄生性还是捕食性昆虫，都以单食性种类对害虫的控制作用最大，能在短时间内将某种害虫控制或消灭。因而，应针对当地某些主要害虫引进驯化单食性天敌，是生物防治的有效途径。寡食性和多食性害虫与多种果树相联系，但它们最喜欢吃的是一个科或几个科的果树。因而，它们常在栽培果树和野生果树之间，跟随最喜欢吃的寄主的分布生长发育情况转移为害，因此，只有掌握害虫的转移规律，才能更好地考虑和设计出有效的轮作套种方案，并能把握关键时期进行防治。昆虫取食不同植物或同一果树不同器官，对它们的生长发育和繁殖会产生不同的影响，在它们取食的食物比较充足而又适宜时，生长发育就快，死亡率就低，而且繁殖力较强。

（2）天敌

在自然界，昆虫常被其他动物捕食和寄生，这些动物就是昆虫的天敌。在果园，害虫与天敌是实力相当的两股力量，天敌对害虫的发生与繁殖起着重要的控制作用，失去天敌的控制害虫就会泛滥成灾。因此，人工保护利用天敌是综合防治的一个重要方面。害虫的天敌种类很多，大致可分为病原微生物、天敌昆虫和其他有益动物三类。病原微生物主要是真菌、细菌、病毒、线虫等，它们会使昆虫得病死亡，温湿度对它们的发生有利时会引起病害流行，使昆虫大量死亡。天敌昆虫中捕食性的有步甲、螳螂、瓢虫、草蛉、食蚜蝇、胡蜂、蚂蚁等，寄生性的有各种寄生蜂和寄蝇等。有益动物有蜘蛛、壁虎、蜥蜴、燕子、啄木鸟、蝙蝠等。在自然界天敌是以害虫为食的，有害虫就有天敌，通常都是在害虫大发生后，天敌的数量才能大量繁殖起来，发挥它们对害虫的抑制作用，等到害虫数量减少后，天敌因得不到足够的食物而大量死亡。另外，天敌对环境条件也有一定的要求，特别是温湿度，如果条件不适宜，它们就不能很好地繁殖，利用它们来防治害虫就不会达到预期的效果。从一般情况来看，在防治方面，寄生的作用比捕食作用明显，微生物的寄生效果又高于寄生性昆虫。但是微生物对温湿度条件的要求比较严格，大多数都怕阳光直接照晒，因此，在应用时要设法创造有利条件来满足它们的需求。天敌的数量是随着害虫的数量而增加的，往往是滞后的。天敌消灭害虫是逐渐的一个过程，在害虫的数量较少时天敌也少，但一个天敌可消灭多个害虫，控制效果明显。害虫的数量较多时天敌在短时间内来不及消灭大量的害虫，对害虫的控制效果就不明显。因此，从长远考虑保护和利用好自然界的天敌才能发挥它们对害虫控制作用。

3. 人为因素

在人类出现之前，我们的地球环境处在自然平衡状态，人类是智慧生物，自从我们的祖先出现在地球上，人类为了生存就开始各种改造自然环境的生产实践活动。放火烧荒，砍伐森林，平衡的生态平衡开始发生变化，特别是近代人们开山治水，垦荒造田，植树造林，防旱排涝，农业产业结构的调整，耕作制度的改变，锄草灭虫，施肥灌水等活动无一不改变着环境，并直接或间接影响着生活在这些环境中的昆虫。纵观人类发展的历史，随着科学技术的发展，害虫的发生也越来越重，究其原因是人类的生产活动在不知不觉中破坏了原有的生态平衡。化学农药的滥用，工业化革命，使环境受到严重污染。乱砍滥伐，开荒造田，气候变暖，使荒漠化加剧。果树农作物的单一品种大面积高密度集约化经营也为害虫的发生提供了条件。

人类的生产实践活动，对昆虫的影响主要表现在以下几个方面：

（1）帮助昆虫传播

在自然界由于大海、河流、湖泊、沙漠的阻隔，使昆虫有一定的分布范围。当我们从其他地方调运种子、苗木、农副产品时无意中帮助了害虫传播，或向某一地区有目的地引进益虫时，改变了这个地区昆虫种类的组成。

（2）改变了环境

为了提高生活水平满足人类的需要，所从事的各种农业生产活动改变了农田的小气候，也改变了昆虫的食物和营养状态，从而也改变了昆虫生长发育和繁殖的环境条件，设施果树栽培更是如此。

（3）直接消灭了害虫

为了获得农业的丰收，减少虫害，人们贯彻预防为主、综合防治的指导思想，采用多种方法消灭了许多害虫。

人类的生产实践活动既可对害虫产生不利影响，也可产生有利的影响。因此，在从事生产实践活动时，必须注意每一项措施对昆虫所产生的影响，以便消灭害虫，避免产生不良后果。

在自然环境下，影响昆虫的环境因子有气象、土壤、食物和天敌。在园艺生态系统中，害虫依靠果树而生存，相互联系，互相制约。环境因素同时影响害虫和果树。食物即果树是害虫生存的物质基础，天敌是害虫的克星，土壤因素主要影响地下害虫，也影响果树，并间接影响害虫，这三类因素比较稳定，可操作性强，可以通过人类的经营活动使其发生变化。气象因素既可以影响害虫，同时也影响果树，它非常复杂，变化莫测，人类很难改变。但是我们可以通过气象预报，提前知道天气变化，预测害虫的未来发生情况，采取相应的措施减少损失。

综上所述，害虫的发生与环境条件密切相关，对害虫的防治我们可以从控制环境做起，设施果树栽培为我们提供了可能。在设施果树生态系统中，所有环境因素均可人工控制，食物（果树）方面可以选用抗虫品种，培育无病虫苗，栽植无病虫植株，采用先进栽培技术，科学管理增强树势，或采用防虫网等技术隔断虫源。如有害虫侵入可以用食物诱杀，黄板诱杀，性外激素诱杀，人工捕捉，引进天敌，喷洒微生物制剂或喷洒高效低毒药剂等。天敌温棚很少有，有条件可以考虑引进繁殖释放。土壤因素可以通过增施有机肥，改良土壤，灌水，或无土栽培，使其向着有利于果树生长的方面发生变化。气象因素如温度、湿度、光照等，可以通过调节通风量、应用遮阳网、滴灌、铺设反光膜等措施控制来调节。对设施果树害虫防治来说，温棚果树定植后品种对害虫的抗性就已基本确定，果树生产期由于环境封闭，害虫和天敌受到阻隔，很难同时存在，害虫一旦侵入温棚失去天敌的控制，数量就会不断增加，此时只能由人采取措施进行控制，而土壤因素和气象因素的改变可以提高果树的抗虫性，抑制害虫的发生。我们应该掌握设施果树的栽培特点和害虫的发病规律，科学合理地综合运用设施果树栽培的先进技术，创造最优生态环境，促进果树的健壮生长，减少虫害的发生，丰产丰收。

第二节　病虫害预防管理

一、土壤的肥沃度管理

在有机农业实践中土壤管理显得尤为重要。以可持续农业为前提，在有机农业必须从风害和水害中解救土壤。农作物残留物的管理是土壤管理的核心部分。农作物的残留物将有机物还给土壤并且地表的残留物会防止流失，对土壤的保水力有好处。

为了改土，我们应该将一部分作物残留物、绿肥、畜粪堆肥等留给土壤。作物残留物、绿肥和畜粪堆肥的通气性非常好。而其中一个重要的问题是一定要混合在一般微生物活力较高的离地表 10~22cm 左右的位置上。在土壤表层混合作物残留物、绿肥等的有机物时就能有效防治土壤硬化，改善水的渗透力，减少水分流失。绿肥作物的混入或者畜粪的使用会改变有机物含量等物理性质。也就是说，畜粪和豆科绿肥的混入除了对氮肥的提供有效之外还有在很大程度上改善土壤。

实践有机农业的土壤，没有外部的投入资材也可以维持高生产性。农民要随时施用绿肥作物、畜粪和完熟堆肥等其他有机质肥料来补充被作物和家畜所消耗的营养，继续维持土壤的肥沃度。但是一部分土壤会缺乏一种或者两种必须元素。这种缺乏现象要通过养分的供给来调整。正确的可持续有机农业是利用可行的方法将多种营养源投入土壤中，经常给土壤充电提高土壤的肥沃度。

有机农业实践过程中不能使用化学肥料和合成农药，所以有机农业认证机构也是越来越强调农场的长期进行改土的政策。作物营养的投入和消耗量一定要进行监控和调节，不能让土壤出现严重营养缺乏现象，诊断土壤后要补充最佳施肥量。缺乏养分的土壤是不能生产有机农产品的。

如果是长期施用堆肥、畜粪等有机肥料来满足作物的营养需求时会使磷酸、钾等养分过多地积累在土壤里，盐类的积聚会引起土壤污染。单纯依靠有机肥料的改土方法会使根圈层积聚过多的磷酸，导致水质和地下水的污染，会让有机农业失去亲环境机能。

农民一定要分析自家土壤需要的适当养分量，衡量土壤肥沃度是否合乎要求。土壤诊断和植物营养诊断都是评价土壤养分标准的手段。

在农业中所需要的氮元素可以通过大豆、豌豆、红豆、花生等的一年生豆科作物，紫花苜蓿、三叶草等多年生豆科牧草和其他绿肥作物的栽培充分供给。如果土壤含有足够量的豆科作物残留物就可以作为下一个作物的氮肥供给源而加以有效利用。

虽然在施用牲畜粪时会有硝酸盐和氨含量增高的危险，但是畜粪拥有重要的氮和其他营养源。几乎所有的农民在用畜粪做堆肥的时候不顾成本的增加，确信它的重要性，但是有机品质认证团体只在特定情况下允许使用牲畜粪。堆肥化是将畜粪内的氮经过无机化，慢慢放出，更加稳定地将有机态氮转化为硝酸盐和氨的过程。堆肥化过程中的高热会把杂草的种子、害虫的幼虫、成虫和卵等各种病原菌杀灭。从事有机农业的农民光靠畜粪和绿肥作物也可期待还原深土和土壤表层的好效果。实践有机农业的土壤一年四季都要有类似于绿肥作物的植物残留物来覆盖土壤，才能将土壤改良成沃土。

具备什么样的条件才能叫沃土呢？首先是土壤中要储藏农作物所需的必需元素，其次是土壤的物理性、化学性、微生物性得到改善。

生长在沃土中的农作物较少出现缺乏养分和水分的现象，能够充分地吸收营养，在优越的环境条件下生长。这种农作物的抗病虫害的能力会一直处在最强状态。

在发病以后进行治疗会非常困难，就算投入大量的时间、人力、经费，很难得到完整的治愈。但是在生病之前做好预防管理就可以很安全地进行农作。

二、营养管理

作物和人类一样为了生存都需要吸收养分。利用太阳使叶片制造养分的作用就叫光合作用。这种生产工程只有绿色植物才能拥有。

植物经过光合作用生产的营养。光合作用只会在有阳光时才可进行，晚间会通过呼吸消耗能量，而从白天生产的能量当中减掉晚间消耗的能量就是叶片一日的生产量。这是植物最重要的营养源。在叶片生产养分的基础上，根系再将土壤中的肥料和原有的营养补充给植物就是植物生长所需的粮食。

只有光合作用活跃，才能保证有足够的养分健康生长，产量增多并生产出高品质的农产品。所以怎样才能促进光合作用呢？首先，让作物的叶片变厚，增加叶绿素数量是最重要的。不管是什么作物，确保足够量的叶面积都是很重要的。将确保的叶面积保留到收获的时候就是最好的方法。为使叶片能够发挥最好的机能，就要求农民在土壤管理、营养管理、水分管理、病虫害管理、杂草管理等上更加严格要求。

植物所需要的养分是以阳光为原料，叶片先生产然后根系再从土壤内吸收养分。

以下是养分吸收器官和方法。只有理解这部分的内容，土壤的营养管理才能做好。

（一）养分吸收器官

植物会吸收液体和气体类的养分。叶片会吸收二氧化碳、氧气、水和融在水里的养分。根系会吸收水、氧气、营养元素和水溶性有机养分。

1. 叶片

植物叶片的表面都有一层膜将叶片和外部环境切断，但是养分的吸收可以通过气孔和一部分表皮细胞进行。气孔主要进行气体的交换，主要分布在叶片的背面（每 mm^2 上有数百个直径为 $20 \sim 40 \mu m$ 气孔）。空边细胞调整气孔的开闭，所吸收的二氧化碳分子首先到达呼吸空间然后从这里通过细胞间隙进入栅状组织被植物利用。水溶性的养分和生长物质是通过叶片气孔吸收的。利用这一点当我们需要给植物补充养分或者促进生长时，就可以进行叶面施肥。但是要注意浓度障碍的发生，限制使用。通常在果树领域经常用于叶面施肥的元素有尿素、磷酸、钾、钙、镁、铁、锌、硼等。

2. 根

根将植物固定在土壤里，向下伸长吸收水分和养分。吸收养分的部位较小。但是在物质代谢旺盛的生长点部位会有很多毛细根，每个植物体都会有数万个，根毛的长度是数毫米，厚度是 $0.02mm$，但是总长度是在 $10 \sim 50km$ 左右。这种毛细根的表面积的总和非常大，生育活动期间是 $2 \sim 3d$，会一直更新。

（二）土壤中的养分吸收

植物的养分吸收会随着土壤中有效肽的含量、氧气供给和温度等的条件发生变化。

1. 无机养分的吸收能力

随着植物的种类不同，有机养分吸收和利用能力会有一定的差距。一般野生植物或杂草与栽培作物相比能力要更强。而且栽培作物一般要求养分充足的土壤条件。影响无机养分的吸收、利用能力的要素是活性根的表面积、置换用量、H^+ 和 HCO^{3-} 离子生产量，还有促进根系的养分吸收能力的分泌物的生成量等。

2. 多种存在形态的养分吸收

植物从土壤溶液中吸收养分是将水溶液中的离子通过植物分泌物的离子间进行简单的置换过程实现。水溶液中的养分在根系附近被吸收后，随即就会利用水溶液中含有的养分扩散机能重新进行供给。

植物除了土壤溶液的非结合性养分之外还要利用吸着在土壤中的养分。不论什么植物，从土壤胶质吸收养分是占多数的。从土壤溶液中吸收养分是通过接触置换来进行的。根系表面（细胞膜）和土壤胶质间的直接接触形成置换，根系表面附近接触的水中的离子的流动区域进行。植物从土壤吸收养分首先就要让养分有效肽化。土壤中的养分会在根系的附近被吸收。土壤在湿润的条件下给根系传达养分让其吸收是非常有限的。所以，在根系附近供给养分是很有意义的，还有土壤的结构特性对以上有很大影响。

植物的营养管理不是以人的判断角度去做的，而是植物本位的营养管理。从一年生初期开始到收获，多年生作物初期到成木、老木，要考虑到作物的一生进行营养设计。一年中的春、夏、秋、冬都要周期性地进行营养管理。管理时要尽量保护根系，让根系的机能最大化。

三、土壤水分管理

地球上的水是一直循环着的。受到太阳能量的影响蒸发后大气层的水蒸气又重新凝结掉到地面，地表水变成地下水流入大海又重新蒸发循环。这样，无数的生命体依靠它生存，净化自然。我们应该在这巨大的循环秩序当中智慧地利用宝贵的水资源。

（一）水分的作用

对农业来说，水的作用一般随着作物的种类、栽培环境、生育阶段有一定差异。但是作物的 70%～95% 都是水分构成的，所以，水分是最重要的环境因子中的一个。被植物吸收的水分对植物机能的作用是：

作物体内化学反应所需的溶媒作用；无机或者有机化合物的体内移动媒体；作物体维持细胞胀缩；光合作用、各种分解和体内化学反应的原料；通过蒸腾维持作物体内的温度。

像这样的水分的生理性作用较为顺利时，作物就可以进行正常生育。

（二）水分不足的影响

水分是作物生长和发育的限制因子，缺水就会出现各种反应。缺水时细胞生长、细胞壁和蛋白质含量的减少比较明显。相反，体内的一种氨基酸含量和糖含量增加。各种酶活性降低，叶绿素合成减少，抑制生长的 ABA 等含量增加，气孔闭合，光合作用和呼吸作用急剧减少。

作物体内的含水量下降，细胞失去膨缩能力，组织失去紧张状态，作物的老叶片落叶，嫩叶变少。这种一时的萎凋现象如果持续下去，就会达到永久的萎凋点，通过降雨和灌水作物也不会恢复到原来的形态。

缺乏水分的状态下，作物地上部要比地下部的生育量急剧减少。特别是叶面积的减少而导致光合作用减少，使地上部的生长全盘受到抑制，甚至开花结实低下，数量减少。

对水分不足的反应在作物不同的生育阶段也是有很大差异的。初期生育的时候叶面积会急剧减少。在收获期时缺水对数量的影响虽然不大，但对作物的品质有很大的影响，收获期间缩短。

花芽分化期和开花期的水分不足会对数量产生很大影响，特别是开花期的水分不足对果菜类的影响是最大的。所以，在这时期一定要重点做好水分管理。

（三）塑料大棚内的水分环境的特征

温室或者塑料大棚等设施里基本不会有外部的雨水流入设施内，所以作物生育必要的水分大部分是人为地灌水获得的。设施内的常温比露地要高，土壤表面的水分蒸发和作物的蒸腾增加水分要求较多。

设施内地上部的生育较为旺盛，而地下部的发生要比露地薄弱，导致吸收水分的土层范围窄小，所以，对干燥的耐性较低，要供给充分的水分。

（四）设施内的水分管理

设施内植物和土壤中蒸腾、蒸发的水分会更多导致室内高湿，灰霉病、疫病等的发生率上升。

病害发生时先停止灌水，让土壤干燥、降低室内湿度让作物硬化。在通路铺上稻草等，田畦用塑料进行覆盖。还有进行早期加温，换气也是有一定效果的。

在农业中的水分管理多了少了都不好，都会出现问题。智慧的农民朋友们一定要明白进行彻底的土壤水分管理是预防病虫害的一条捷径。

四、天敌增殖管理

（一）生态系的重要性

生态系是由一次生产者的植物和靠它维持生命的一次消费者的害虫（草食），吃害虫（草食）为生的天敌，吃天敌为生的重寄生者等构成。顶端的营养阶段要比下端营养阶段少，但会对下端营养阶段的个体群起调节作用。

昆虫的体形很小，人们通常不会在意。但是一只一般会生产100至数千只。世代间隔短的能有3d，增殖速度非常快，在短时间内增殖到高密度，对作物形成危害。天敌中寄生者寄生在草食者体内，比草食者更小，但是它却起着非常重要的作用。有天敌的时候害虫的密度比较小，不会产生什么经济损失，但是没有天敌的时候就会产生经济损失，需要采取防治措施。建成有天敌的农业生态系是生物防治的第一步。露地作物非常需要害虫天敌的保护，设施作物因为很难发生天敌，所以从外部引进天敌的方法是常用的。

（二）露地栽培中的天敌保护

露地作物的害虫防治中土著天敌是核心。天敌保护是通过修复食物链而控制害虫密度降低经济破坏水平。

（三）农药的使用

1. 使用选择性农药

（1）选择性农药的利用

使用对害虫有显著效果但对天敌的伤害较低的选择性农药。在天敌保护中使用对天敌无害的农药是最重要的。

（2）改善农药使用方法

减少药量：对天敌的影响随着药量的不同也有差异。有时将农药的浓度降低到一半或者四分之一可以减少天敌的死亡，也可以进行害虫的防治。

制剂和资材的选择：农药成分的生理特性会对天敌产生影响。例如，在土壤处理上利用颗粒状药剂不会因接触不到而不受到影响。但是颗粒状农药会残留在土壤内，对土壤里的天敌造成影响。渗透性农药对直接吸食植物汁液的天敌的影响就较低。消化中毒剂杀虫剂一般不会对非草食的捕食者或者寄生者产生影响，但是消化中毒剂的利用会将害虫的密度大量减少导致天敌没有食物而死亡。

限制喷施面积：不要在农场全部喷施农药，而只是在害虫发生的地方喷施农药。这样就可以在一定程度上保护天敌。在害虫发生较少时可以在局部进行农药喷施，将农药的使用量降到最低从而保护天敌。在农业国中曾经大面积使用农药进行共同防治，在这样的情况下天敌会因为食物的缺乏和栖息地毁损而消失。

限制喷施时期：使用残留时间较短的农药，减少喷施次数，选择没有天敌的时候或者是对天敌没有太大影响时喷施，保护天敌。残留时间较短的农药在喷施后毒性将近消失时出现的天敌就能存活。农药的残留时间随着不同的药剂有很大差异。

改善防治体系：利用性信息素防治害虫或者栽培抗性品种减少农药的使用量。曾经在美国梨的品种上使用这种方法取得了不错的效果。韩国也在实行苹果害虫的综合管理体系，参与其中的农民也在使用这种方法减少农药的使用量。

2．土壤、水分、作物残留物的管理

（1）土壤管理

土壤管理中主要包括耕作、有机质或者施用化学肥料等。这种作业不仅对害虫有影响，而且对天敌也会产生影响。翻地的时候会将表土或者土壤里的害虫杀死，同时也会杀死天敌。

（2）水分管理

灌水有提高土壤湿度、对各种天敌提供好的环境等的好处。特别是通过灌水提高昆虫病原体霉菌的活力是非常重要的。对防治蜡虫等害虫的 Verticillium lecanii 病原体孢子的萌发来说，湿度是非常重要的。

（3）作物残留物的管理

许多作物收获后都会将残留物进行焚烧或者进行归田处理。这种农作处理方法虽然有很多确实的好处，但从另一方面想它就只有为下一个要栽培的作物起到清理的作用，其他的就没有了。在某种情况下，作物残留物对害虫的天敌保护是非常重要的。

3．作物栽培中利用方式

与苹果、葡萄等的果树作物不同，提高一年生作物土壤的肥沃度或者抑制害虫的发生时可以变更作物栽培。即很容易将一年生作物转换为可以轻易提高天敌活动率的作物类型。

（1）栽培有助于发生天敌的作物

苹果、柑橘等的作物会连续很多年在同一个场所。这种安定性会促进生物防治。一年生作物周边如果有比较安定的多年生作物，从初期开始就会有天敌进入，随之的一年生作物的生物防治就容易多了。

一些农场可以在栽培主作物之前栽培一些可以发生天敌作物。表现的就是在大棚内在种植主作物茄子之前一个月栽培一周的西瓜，在西瓜上发生天敌以后再种茄子就可以防止茄子上的害虫了。因为西瓜上的弱虫不会对茎产生影响，而为此出现的天敌也正好是茄子害虫的天敌。

如果大面积耕地在短时间内被收获完毕的话，天敌就会因食物的不足而无法维持生命。实践表明，果园生草可以为这些天敌构建新的食物链。

（2）间作

间作就是在同一个场所同时栽培一种以上的作物。作物多样性战略在于抵制和降低停留在作物上的害虫的发生。间作可以提高植物多样性。在理论上植物多样性有两种好处，一种是让害虫难以发现作物，另一种就是提高天敌的活动力。

4. 非栽培作物的操作

非耕地或者作物栽培邻接地域会对生物防治产生影响。

（1）覆盖作物的栽培效果

在作物栽培场所强化天敌活动的基本就是杂草和覆盖作物的栽培。地表覆盖植物可以降低土壤温度，提高相对湿度，保存更多可利用的水分，还可以给许多天敌提供栖息场所。覆盖作物助长天敌的活动，还可以在一定程度上降低害虫的密度。覆盖作物会和主作物产生养分和水分的竞争，所以在选择种类和播种密度的时候就应该更加谨慎，符合地方特性。

在果树上因为覆盖作物几乎不会和果树产生养分的竞争，所以使用更加广泛一些。在果园的覆盖植物可以提高螨类和弱虫类天敌的活动力。进行草生栽培，叶螨或者蚜虫就不会成为问题了。

世界很多国家为了改良果园土壤的物理性而在果园栽培黑麦。除了有改良土壤的效果以外，它还能够起到抑制蜡虫的作用。

（2）利用农耕地周边的杂草

田埂等地方的杂草既是天敌的栖息地，也是给天敌提供食物的场所。在田里喷施农药的时候，活下来的天敌可以在田埂找到食物，并栖息。

食草类昆虫寄居特异性较高，发生在杂草上的昆虫在田间作物上发生的可能性较小，反而天敌的寄主转换可能性较高。所以，除草对防治害虫意义不大。

（3）邻接地域的作物栽培

在邻接的地域栽培作物的时候，主作物和邻接地域作物的选择要在可能的条件下尽量种植亲缘关系较远的植物。这样发生的害虫就较少互相移动，而发生的天敌是在两个作物中同时发生的。这样天敌就可以在两种作物之间移动发挥效果。

5. 提供食物或者隐身处

为了天敌的生存和增殖可以直接提供食物和隐身处。前提是资材和劳动费用在可接受范围内相对低廉，并保证害虫的死亡率。天敌要活动就需要碳水化合物，为了繁衍后代需要蛋白质。在自然界，这种物质主要在寄主的体液、甘露、植物的汁液、蔗糖等中。如果这种物质缺乏可以人为提供。

五、混植香料植物

（一）植物合成植物香气的原因

进入茂密的森林和山野中就会让人感觉心神畅快，处处闻香。这就是森林浴的效果。这种森林浴效果的山林香的原因就是植物香气。山林植物主要是树木自身制造发散的挥发性物质，它的主成分是叫萜烯的有机化合物。人类接触空气中含有萜烯的大气时就叫作森林浴。最近国际上森林浴和日光浴、海水浴等越来越深入我们的生活，因为人们已经认识到它对人体保健的正面作用。植物香气不只是让我们身体愉快，还有抗菌、防虫等效果，所以，我们就要好好利用植物香气让它使我们的生活更加滋润、健康。特别是有机农业实践农民更应该好好利用此种特性起到杀菌、效果，生产安全的健康食品。

我们不能因为植物香气只是一种植物的香气而无视它的存在。森林或者各种各样的植物中还隐藏着许多神秘的令人不可思议的效能，叫作植物的精气。

植物为什么要合成植物香气呢？植物进行光合作用是因为要生存下去才必须做的活动，和人类要吃饭是一个道理。芳香植物会第二次合成出类似于植物香气等的成分。这种植物香气会保护植物自身或者其他一些别的作用。例如，阻碍其他植物生长的作用，避免昆虫或者动物伤害植物的叶片或者茎的作用，对昆虫和微生物的驱避、诱引、杀虫作用，杀菌作用，等等。扎根于土壤中生存的植物是不会移动的。通过合成植物香气并发散达到保护自身的目的。从小小的微生物到人类都具有为了生存而具备的本领，而植物香气就是植物的秘密武器。这就是生命的奇迹，因为拥有这样的秘密武器，树木可以数百年、数千年地存活下来。

植物香气不只用于自我防御，也会用于攻击手段。大部分的生物都想扩充自己的势力范围，植物也是一样。核桃树或者洋槐树的周边几乎都没有杂草，那是因为植物香气会抑制其他植物的生长。除此之外在落叶松松林等地种植苗木、桃树、西红柿等和野菜、人参等连作都会受到较大的在桉树附近就不会被蚊子叮咬，那是因为桉树释放出对蚊子有驱避作用的植物香气。实际曾发现桉树上某种物质要比市面上出售的驱蚊剂更加有效。拥有这种效果的植物香气会从根系分泌到土壤中或者通过叶片散发到空气中。

植物如果受到害虫的攻击就会在叶片中蓄积害虫不喜欢的成分，防止害虫攻击的作用。不止于此，邻接的树木会互相传达这种信息，树也生成害虫不喜欢的物质。

（二）植物香气的效果

事实上，虽然植物香气对别的生物起到攻击性作用，但对人类是有益并且在日常生活中非常实用。将植物的这种原理利用于日常生活就会收到各种各样的效果，特别是在有机农业可以应用这种效能，广泛利用。

1. 愉悦感

森林浴的过程是非常愉快的。对人的神经有安抚作用，改善肝功能，促进睡眠。

2. 除臭

进入森林虽然有动物的腐尸和烂木，但可以感觉到清爽的空气。它有净化空气和除臭的功能。这种除臭作用对我们周边的生活污气也是有效果的。

3. 抗菌、防虫

不仅对食物的防腐和杀菌有效，而且对房间或者浴室里的霉菌、蚊子、螨虫等也有防止效果。

4. 农业性效果

抗菌和杀菌作用：在作物周围混植香料植物，病害会显著减少。还可以利用该植物制作杀菌剂来使用。

防虫、杀虫作用：在作物周围混植香料植物，因为有害虫不喜欢的味道，就可以驱避害虫。还可以以该植物为原料制作植物杀虫剂或者驱避剂。

(三) 香料植物的种类

1. 农作物类

大蒜、葱、洋葱、韭菜、菠菜、芝麻、决明子、烟草、西红柿、生菜类。

2. 花卉类

金盏花类、喇叭花、大波斯菊、菊花等。

3. 香草类

薄荷、吸毒草、除虫菊等 100 余种。

4. 野生草木类

沙参、桔梗、蒲公英、花椒、香树、松树、木莲、梧桐树、无花果树、艾草、银杏树、山茶树等。

除此之外，还有很多种的植物发生各种各样的植物香气防止害虫的接近。这也是今后我们积极研究的一个课题。

（四）混植管理

1. 一般园艺作物

蔬菜类分为叶菜类、果菜类、根菜类等，栽植时要混植比主作物矮的种类。

叶菜类：大蒜、葱、韭菜、金盏花等。

果菜类：烟草、大蒜、葱、西红柿、大波斯菊、驱虫菊等。

根菜类：薄荷、驱虫菊、吸毒草、西红柿等。

2. 果树类

果树类较为高大，应用范围更加广泛。

（1）土壤部分：薄荷、金盏花、驱虫菊、桔梗、大蒜、洋葱、韭菜、菠菜等。

（2）树体部分：烟草、决明子、野菊、西红柿、大波斯菊、沙参、花椒等。

3. 果园的栅栏

无花果树、松树、香树、花椒、落叶松、红松、棕树等。

实践有机农业以后，土壤的肥沃度会比之前有所提高。其结果是栽培作物的健康度、品质度都会得到提高。还有味道和香味的提高是最明显的。香气多就是证明植物香气成分生成较多。

第三节　果树病虫害的防治方法

一、园艺技术防治法

（一）园艺技术防治法的概念

园艺技术防治法是根据病虫害、果树、环境条件三者之间互相联系、互相影响、互相制约的关系，树立预防为主、综合防治的病虫害防治指导思想，把病虫害防治工作，与各项果树栽培管理技术措施结合起来，贯彻到果树生产整个过程中，创造一个有利于果树生长，不利于病虫害发生的环境条件，抑制病虫害的发生。

（二）建棚选址

果树是多年生植物，一经栽定很难改变，建棚选址关系到果树的生长状况，直接影响今后经济效益的发挥。因此，建温棚时要选择最适合果树生长的地方，要求地下水位低，排灌便利，盐碱轻，土质好，有机质含量高。

（三）选栽抗病虫的优良品种

适合设施园艺栽培的果树品种很多，在建温棚时要根据当地情况，首先，应选用优质、高产、经济价值高的品种；其次，应选用抗病虫的品种，选用了抗病虫的品种今后可以节省大量防治费用。

（四）栽培措施

适地适树，合理密植，科学修剪，合理施肥灌水，防治病虫是果树栽培管理的基本措施，建棚时采用防虫网、无滴膜或除雾膜、地膜覆盖、滴灌等新技术。可增强树势，提高果树抗病虫的能力。

（五）加强管理

生长期控制好温、湿度，注意通风透光；合理施肥、灌水、整枝，及时防治病虫害，清除杂草。休眠期刮除老翘皮，剪除病虫枝果，扫除枯枝落叶，树干涂白等减少虫源，降低发病率。

二、物理机械防治法

（一）物理机械防治法概念

物理机械防治法就是利用简单的器械、人工方法和声、光、电、热、射线等高新技术防治病虫害的方法，为物理防治。

（二）捕杀

利用害虫暴露、群集假死等习性捕杀，如蚜虫密集在新梢上为害，人工摘虫梢可消灭大量蚜虫；利用金龟子的假死习性突然振动树干使其坠落进行捕杀等。

（三）诱杀

利用许多晚上活动的昆虫有趋光性，挂黑光灯诱杀。或利用蚜虫、白粉虱对黄色的趋性挂黄色粘虫板诱杀。或利用蓟马对蓝色的趋性挂蓝色粘虫板诱杀。利用蝼蛄对马粪的趋性用马粪诱杀，或地老虎喜食酸甜食物的习性用糖醋液诱杀。

（四）阻隔

采用果实套袋，把病虫与果实隔开。对有爬行上树下树习性的害虫，围绕树干基部堆锥形沙堆，或用塑料薄膜给树穿裙，或在树干上涂粘虫胶环、毒环，或温棚周围挖沟，或温棚覆盖防虫网阻隔害虫。

（五）外科手术

树干染病受害面积较大时不易恢复，可刮除病斑对病部用药剂清洗治疗，阻止病害的扩散加速病部恢复。

（六）桥接

主干下部大面积树皮坏死时，如果在基部有较粗的萌蘖枝条时，可将萌蘖枝条剪去梢部，使其跨越坏死树皮，将剪口削成斜面插入上部活树皮下，使树干恢复营养供应。

（七）其他方法

有土壤热处理、高温烘晒粮食、低温冷冻种子，以及高能射线、紫外线、激光、微波、远红外线、基因工程、计算机技术等高新技术也可消灭害虫。

三、化学防治法

（一）化学防治概念

化学防治就是利用化学药剂防治害虫的方法。

（二）化学防治优缺点

化学防治是防治害虫最重要最有效的方法，农药具有速效性，短时间内可杀死害虫；高效性，每亩地只用几十克；特效性，许多害虫只有使用农药才能有效控制；方便性，农药可工厂化大规模生产，农药店有售，可用机械大面积使用。但是农药对人畜不安全，会使植物产生药害；污染环境；多次使用害虫会具抗药性；杀伤大敌使次要害虫上升为主要害虫，再次引起严重虫害。作为一种最重要最有效的方法，我们可以通过科学合理的使用，扬长避短，发挥它的优点为害虫防治服务。

（三） 农药的分类

农药按使用范围分为杀菌剂、杀虫剂、杀螨剂、杀线虫剂、杀鼠剂、除草剂、植物生长调节剂等。

1．杀菌剂

是专门杀灭病原菌类微生物的药剂，可分为保护剂和治疗剂。

（1）保护剂

果树感病前，喷洒在果树表面，抑制或杀死寄主体外的病原物，保护果树免受病原物侵染的药剂。

（2）治疗剂

果树感病后，喷洒在果树表面或土壤中，能被果树吸收，在果树体内随营养水分的流动扩散到各个部位，抑制或杀死寄主体内病原物的药剂。

2．杀虫剂

按作用原理分为触杀作用、胃毒作用、熏蒸作用、内吸作用和特异性杀虫剂等。

（1）内吸剂

具有内吸作用的药剂叫内吸剂，这种药剂喷到果树表面，或施入土壤中能被果树吸收，通过输导组织运输到果树各个部位，在害虫取食时中毒死亡。

（2）熏蒸剂

具有熏蒸作用的药剂熏蒸剂，这种药剂使用后能在空气中弥漫，当昆虫呼吸时药剂通过呼吸系统进入虫体，使昆虫中毒死亡。

（3）触杀剂

具有触杀作用的药剂叫触杀剂，这种药剂使用后，昆虫直接或间接接触后透过体壁进入虫体，使昆虫中毒死亡。

（4）胃毒剂

具有胃毒作用的药剂叫胃毒剂，这种药剂喷到植物表面，在昆虫取食时通过口器进入消化道，使昆虫中毒死亡。

（5）特异性杀虫剂

是本身无多大毒性，而是以其特殊的性能作用于昆虫，如驱赶害虫的忌避剂；使昆虫拒绝取食的拒食剂；粘捕昆虫的粘捕剂；使昆虫不能繁殖后代的绝育剂；对昆虫有吸引作用的引诱剂，还有影响昆虫生命活动的各种激素等。

3. 杀螨剂

是专门用来杀灭叶螨和瘿螨的药剂，有些杀螨剂也兼有杀虫作用。

4. 杀线虫剂

是专门用来杀灭线虫的药剂。

5. 杀软体动物的药剂

如杀火蜗牛和蛞蝓的药剂。

（四）农药的加工剂型

1. 农药的组成

农药大多数是由原药加辅助剂制成的，原药是纯度很高的化学药品，是杀虫的主要成分，有水溶性和脂溶性两类，形态有固体和液体的，固体的叫原粉，液体的叫原液。制成的农药也有粉状和液体两类；辅助剂是改善原药性能的物质。如高龄土作为粉剂的添加剂降低原药毒性增加数量，有机溶剂作为脂溶性原药的辅助剂在使用时使原药很好地溶解于水中，硝酸铵作为烟雾剂的助燃剂使药剂易燃生成烟雾等。由于原药纯度高，毒性大，用量少，不溶于水，使用不方便，所以为了降低毒性、确保安全，增大覆盖面，提高药效，便于使用加入了各种辅助剂，制成了不同有效成分含量的商品农药剂型，如粉剂、可湿性粉剂、可溶性粉剂、乳剂（油）、水剂、烟剂、气雾剂、颗粒剂、缓释剂、微胶囊剂。

2. 商品农药名称的含义

商品农药名称包括有效成分含量、化学药品名称和加工剂型。如80%敌敌畏乳油，80%是杀虫的有效成分含量，有效成分含量决定了稀释时加水的量，敌敌畏是原药名称，原药名称决定了杀虫对象，乳油是加工剂型决定了药剂的使用方法（可加水稀释）。

（五）农药的使用方法

喷粉、喷雾（常规、超低）、烟雾释放，颗粒剂撒施，还有拌种、浸种、滴注、灌根、浇泼、毒土、毒泥、毒饵、毒环、毒扦等，农业、林业常用超低容量飞机喷雾。

1. 喷粉法

是用专用喷粉器，将粉剂农药直接喷到空气中，使其自然降落黏附在植物表面的一种施药方法。

2. 喷雾法

常规喷雾是用专用喷雾器，将乳剂、乳油、可湿性粉剂、可溶性粉剂、水剂等农药按一定比例加水稀释后，喷在植物上的一种施药方法。超低容量喷雾法是用特制的超低容量喷雾器、将专用的油剂不用掺水直接喷雾的一种施药方法。

3. 烟雾熏蒸法

是将烟雾剂用火点燃，使其产生烟雾进行熏蒸的一种施药方法。要求在环境密闭环境熏杀 12h 以上。

4. 气雾剂释放法

是将压力容器开关打开，让药剂喷出成气雾状弥漫在空气中的一种施药方法。

5. 撒施法

是将颗粒剂、缓释剂、微胶囊剂用手工，按用量撒施在土壤中的一种施药方法。

6. 拌种、浸种法

是将具有触杀、胃毒和内吸作用的粉剂、可湿性粉剂、可溶性粉剂、乳剂、水剂农药按一定比例与种子掺匀拌种，或加水稀释后浸种的一种施药方法。

7. 灌根、浇泼法

是将具有内吸和触杀作用的可湿性粉剂、可溶性粉剂、乳剂、水剂农药按一定比例掺水稀释后浇灌、泼撒在植物根部的一种施药方法。

8. 毒饵法

是用害虫喜食的食物与具有胃毒作用的粉剂、可湿性粉剂、可溶性粉剂、乳剂、水剂等农药按一定比例拌匀后，撒在害虫活动取食的场所的一种施药方法。

9. 毒土法

是将具有触杀作用的粉剂、可湿性粉剂、乳剂、水剂农药按一定比例掺细土或细沙稀释后撒施在土壤的一种施药方法。

10. 毒环法

是用具有触杀和内吸作用的可湿性粉剂、可溶性粉剂、乳剂、水剂等农药按一定比例掺水稀释后，用毛刷涂抹在刮去老皮的树干上，形成宽 8~10cm 的毒环，阻止害虫上树下树的一种施药方法。

11. 毒泥法

将具有熏蒸和触杀作用的粉剂、可湿性粉剂、乳剂、水剂农药按一定比例稀释后和成毒泥，塞进树干的虫孔中的一种施药方法。

12. 毒扦法

将具有熏蒸和触杀作用的可湿性粉剂、乳剂、水剂农药等制成毒扦，插进树干的虫孔中的一种施药方法。

13. 滴注法

将具有内吸作用的乳剂、水剂等农药按一定比例掺水稀释后装入瓶中，用医用输液管将药剂滴入树的皮层下的一种施药方法。

14. 根吸法

将具有内吸作用的乳剂、水剂等农药按一定比例掺水稀释后装入瓶中，将适当粗细的树根切断，插入瓶内让树根吸取药剂的一种施药方法。

（六）农药的合理用药

1. 对症（虫）下药

农药种类很多，有各自的使用范围和杀灭对象，性能差异较大，应了解农药的性能，选用针对性最强的药剂才能更有效地消灭病虫害。

2. 适时用药

在害虫抗药性差的低龄幼虫期，活动性强的成虫羽化盛期，对有世代重叠的害虫在幼虫或成虫比例高的时候，对繁殖快为害大的害虫要在为害初期，对有卷叶、潜叶、蛀果等钻蛀习性的害虫，要在卷叶前或潜入叶子前、蛀果、蛀干前进行防治。

3. 正确配药

根据稀释倍数准确计算用药量，使用量筒按要求配制。根据使用方法选择适当的剂型，对晶体药剂要用温水化开，将可湿性粉剂、可溶性粉剂先用少量的水搅成糊状，对于其他可用于喷雾的剂型也应先放药后加水，然后边加水边搅拌，确保药液与水混匀不发生沉淀。

4. 保证质量

喷粉是在叶面有露水时进行，喷雾器压力要足，覆盖周到全面不留死角，在上午或下午温度适当偏高时喷药，以个别叶子开始往下滴药液时为度。放烟应在傍晚收工时，封闭好通风口和门窗，然后点火放烟，第二天通风换气。

5. 合理混配

合理混配可以增加药效，节省工时，提高效率，但要弄清哪些药可以混配，哪些药不能混配。混配后物理化学性状不发生变化，不产生药害的可混配。遇酸碱分解失效、产生药害、乳剂遭破坏的不可混用。在没有确切把握时，最好先做小范围的试验然后确定。

6. 交替使用

经常使用一种药剂防治效果会越来越差，这是因为害虫产生了抗药性，为了防止害虫产生抗药性，提高杀虫效果，我们应该考虑几种药剂的交替使用、换用新药等。

7. 避免药害

一些植物对某些药剂特别敏感，要特别注意尽量少用或不用，正确配药，适时施药，果树休眠期药量可适当加大，生长初期或苗期药量可适当减少，果树开花期一般不易喷药，生长期严格按常规用量使用。

8. 严防中毒

选用高效低毒、低残留，或生物农药、无公害农药。严格遵守国家对某些农药的使用范围、使用次数、安全间隔期、允许残留量的有关规定。使用过的药剂和器械要妥善保管。

（七）综合治理

1. 综合治理的概念

设施果树防治方法很多，各种方法各有优缺点，单靠某一种方法很难达到理想防治效果，有时还会产生不良后果，要想有效地控制病虫害，必须把各种防治方法与栽培技术措施有机地结合起来，进行综合治理。联合国粮农组织对综合治理下了如下定义：害虫综合治理是一种理想的防治体系，它能控制害虫发生，避免相互矛盾，尽量发挥有机调和作用，保持经济允许水平之下的防治体系。

2. 综合治理的主要观点

（1）生态学观点

本着预防为主的思想，强调利用自然界控制病虫害的因素，达到控制病虫害发生的目的。

（2）综合的观点

合理运用各种防治方法，使其互相协调，取长补短。

（3）经济的观点

综合治理不是要消灭病虫害，而是把病虫害控制在经济损失允许水平之下。

（4）社会学观点

综合治理不是降低防治要求，而是要考虑安全、经济、简便、有效。

（八）设施果树病虫害发生的特点和防治策略

1. 设施果树病虫害发生的特点

设施果树栽培是在温棚温室人工保护环境下进行果树种植的一种特殊生产方式。这是一种特殊人工生态系统。它与露地栽培环境有明显的区别，适宜的温湿度环境为冬季果树生产创造了有利条件，使得北方地区周年能够进行果品生产和供应，同时也为害虫的全年发生提供了有利的条件。随着设施果树栽培的迅速发展，病虫害的种类不断增加，危害程度也更加严重。

（1）环境脆弱

设施果树是封闭人工生态系统，由于温棚栽培的果树品种单一，群落结构简单，生物多样性不够丰富，几乎没有自控能力，外来有害生物一旦传入极易成灾。

（2）栽培方式特殊

温棚果树栽培是反季节的生产方式，它打破了病虫害发生的正常规律，为冬季不能在露天越冬的病虫种类，或有休眠越冬习性的害虫全年发生提供了有利的条件，使危害加剧。

（3）害虫特殊

温棚害虫多为常发性、个体小、善于隐藏、食性杂的刺吸类害虫，其生活史短，发生世代多，繁殖快，数量大，世代重叠，无明显休眠越冬习性，危害严重，防治难度大。

（4）病多虫少

温棚栽培的果树有三个主要特点：一是品种单一，二是反季节生产，三是温棚密闭环境可控。由于棚膜或防虫网的阻隔或害虫的发生期与果树的生育期不相适应，因此，害虫的种类较少，对害虫的防治较为有利。但果树生长期长，环境稳定，有利于病原物的隐蔽和积累，还有温棚湿度大，这些都有利于病害发生。

（5）环境可控性强

温棚是人工生态系统，温棚的温湿度、光照、通风、土壤、水肥、栽培方式、栽培的树种均可控制，为害虫的防治提供了有利的条件。

2. 设施果树病虫害的防治对策

设施果树病虫害防治，应遵循病虫害防治的基本原理，实行"预防为主，综合防治"的治虫方针，严格检疫，选栽抗病虫品种，强化栽培管理措施，充分利用物理和生物防治技术，科学利用化学防治等措施。

（1）选栽抗病虫优良品种

选用无病、脱毒接穗和砧木嫁接繁殖。

（2）巧用生态调控

利用温棚环境条件可控的有利条件，创造一个有利于果树生长、不利于害虫发生的环境，减少虫害。如采用防虫网技术，地膜覆盖技术，栽植前暴晒或药剂处理土壤，合理密植、通风透光、通风口用防虫网，棚膜选用透光好的无滴膜或除雾膜，滴灌等新技术。

（3）积极采用生物防治

如喷撒青虫菌、杀螟杆菌、白僵菌，或释放丽蚜小蜂防治白粉虱。释放西方盲走螨、虚伪钝绥螨防治红蜘蛛等。

（4）利用人工物理防治

应用防虫网、地膜覆盖栽培，阻隔害虫侵入和扩散蔓延。利用害虫的趋性，如用黄板、蓝板、食物、气味、灯光等诱杀，或银灰膜驱蚜等。

（5）积极消灭虫源

利用棚温封闭性，升温前清理棚温内的枯枝落叶杂草，集中烧毁或深埋，管理中及时摘除病虫叶、果和带病虫的植株残体深埋，消灭虫源。不在棚温附近堆放有机肥，不施用未经腐熟的有机肥。

（6）巧用化学防治

多用烟雾剂熏蒸，粉剂喷粉，颗粒剂撒施，适当使用喷雾法，降低温棚湿度。

第五章 常见果树病虫害防治技术

第一节 葡萄病虫害防治技术

一、葡萄虫害防治技术

(一) 斑衣蜡蝉

1. 形态特征

(1) 成虫

体长 15~20mm，体暗褐色，被有白色蜡粉。头顶向上翘起，呈突角形，复眼黑色，向两侧突出。前翅革质，基半部灰褐色，上部有黑斑 20 多个，端部黑色，脉纹淡白色。后翅基部鲜红色。

(2) 卵

长圆形，长 3mm，宽 2mm，褐色。卵粒平行排列整齐，每块有卵 40~50 粒。卵上覆一层土灰色分泌物。

(3) 若虫

与成虫相似，体扁平，翅不发达，初孵化时白色，不久变为黑色，体上有许多小白斑。第四龄若虫体背呈红色，翅芽显露。

2. 发生及为害特点

一年发生 1 代，以卵在葡萄枝蔓、架材和树干、枝杈等部位越冬。第二年 4 月中旬以后陆续孵化为若虫。若虫常群集葡萄幼茎嫩叶的背面为害，受惊扰即跳跃逃避。6 月下旬出现成虫，8 月交尾产卵。成虫受惊猛跃起飞，迁移距离 1~2m。成虫、若虫都有群集性，弹跳力很强。成虫多在夜间交尾活动及为害。从 4 月中、下旬至 10 月，为若虫和成虫为害期，8—9 月为害最重。斑衣蜡蝉以若虫、成虫刺吸葡萄枝蔓、叶片的汁液。叶片被害后，形成淡黄色斑点，严重时造成叶片穿孔、破裂。为害枝蔓，使枝条变黑。其排泄物落于枝叶和果实上后，易引起霉菌寄生而变黑，诱发煤污。

3. 防治方法

（1）压碎卵块。结合冬季修剪和果园管理，将卵块压碎，彻底消灭卵块，效果很好。

（2）在若虫大量发生期，喷施 1.8% 虫螨杀星（阿维菌素）乳油 2 500~3 000 倍液，或 10% 氯氰菊酯乳油 1 000~1 500 倍液，或 25% 溴氰菊酯乳油 1 000~1 500 倍液，或 20% 氰戊菊酯乳油 800~1 500 倍液，或 50% 辛硫磷乳油 800~1 500 倍液，或 50% 马拉硫磷乳油 800~1 500 倍液，或 50% 杀螟硫磷乳油 800~1 500 倍液等。狠抓若虫期防治，可收到良好效果。

（3）对成虫可用 1.8% 虫螨杀星乳油 2 500~3 000 倍液，或 50% 辛硫磷乳油 1 000 倍液，或 40% 毒丝本乳油 1 500~2 000 倍液，或 2.5% 溴氰菊酯乳油 1 000~1 500 倍液，或 6% 吡虫啉可湿性粉剂 1 000~2 000 倍液，或 50% 马拉硫磷乳油 800~1 000 倍液。由于虫体特别是若虫被有蜡粉，所用药液中如能混用含油量 0.3%~0.4% 的柴油乳油剂，可显著提高防效。

（二）葡萄天蛾

1. 形态特征

（1）成虫

体长 45mm 左右，体肥大呈纺锤形，体翅茶褐色，背面色暗，腹面色淡，近土黄色。体背中央自前胸到腹端有 1 条灰白色纵线，复眼后至前翅基部有 1 条灰白色较宽的纵线。前翅各横线均为暗茶褐色。后翅周缘棕褐色，中间大部分为黑褐色，缘毛色稍红。翅展时，前、后翅两线相接，外侧略呈波纹状。

（2）卵

球形，表面光滑，淡绿色，孵化前呈淡黄绿色。

（3）幼虫

老熟时体长达 80mm 左右，体绿色，背面色较淡。体表布有横条纹和黄色颗粒状小点。第 1~7 腹节背面前缘中央各有 1 个深绿色小点，两侧各有 1 条黄白色斜短线，于各腹节前半部，呈"八"字形。气门片红褐色。化蛹前有的个体呈淡茶褐色。腹部尾部有一锥状尾角。

（4）蛹

体长 49~55mm，长纺锤形，初为绿色，逐渐背面呈棕褐色，腹面暗绿色。

2. 发生及为害特点

一年发生 1~2 代，各地均以蛹在土内越冬。6 月中旬田间始见幼虫，多于叶背主脉或叶柄上栖息，7 月下旬陆续老熟入土化蛹，8 月上旬开始羽化，8 月中旬发生第一代幼虫，9 月下旬幼虫老熟入土化蛹越冬。为害时，葡萄天蛾幼虫取食叶片，因食量大、生活期长，故为害重。幼虫常将叶片啃食成缺刻，甚至将叶片吃光，仅留叶柄，削弱树势，影响产量和品质。树下常有大粒虫粪落下，易发现。

3. 防治方法

（1）挖除越冬蛹。结合葡萄冬季埋土和春季出土挖除越冬蛹。

（2）捕捉幼虫。结合夏季修剪等管理工作，寻找被害状和地面虫粪来捕捉幼虫。

（3）药剂防治。虫口密度大时，在幼龄幼虫期，可喷施 1.8%虫螨杀星（阿维菌素）乳油 2 500~3 000 倍液，或 20%杀灭菊酯乳油 2 000 倍液，或 50%甲萘威可湿性粉剂 400 倍液，或 40%毒丝本乳油 1 000 倍液，或 50%辛硫磷乳油 1 000 倍液，或 50%马拉硫磷乳油 1 000 倍液，或 50%杀螟硫磷乳油 1 000 倍液，或 25%灭幼脲 3 号胶悬剂 1000~1500 倍液，或 2.5%功夫菊酯乳油 2 500~3 000 倍液。

（三）葡萄二星叶蝉

1. 形态特征

（1）成虫

体长 3.7mm 左右。全体淡黄白色。复眼黑色，头顶有两个明显的圆形斑点，小盾片前缘左右各有一个大的三角形黑纹。散生淡褐色斑纹。头前伸，呈钝三角形，前翅半透明，淡黄白色，翅面有不规则形状的淡褐色斑纹。

（2）卵

长椭圆形，稍弯曲，初为乳白色，渐变为橙黄色。

（3）若虫

有黑色翅芽初孵化时为白色，以后逐渐变红褐色或黄白色。

2. 发生及为害特点

一年发生 2 代。以成虫在葡萄园杂草丛、落叶下、土缝、石缝等处越冬。第二年春葡萄发芽前，先在园边发芽早的蜀葵或苹果、樱桃、梨、山楂等果树上刺吸嫩叶汁液，葡萄展叶花穗出现前后再迁至其上进行为害。成虫将卵产于葡萄叶片背面叶脉的表皮下，卵散产。6月上旬出现第一代若虫，6月下旬出现第一代成虫，7月中旬出现第二代若虫，8月出现第二代成虫，8月中旬发生最多。一般通风不良、杂草丛生或湿度较大的地方发生较重。从葡萄展叶至落叶前均可为害。葡萄二星叶蝉为害时先从枝蔓基部老叶上发生，逐渐向上部叶片蔓延，叶片被害初期呈点状失绿，各点相连成白斑，直至全叶苍白，影响光合作用和枝条发育，造成早期落叶，降低果实品质。

3. 防治方法

（1）压低虫源。清除落叶及杂草，集中烧毁或深埋，消灭越冬成虫。

（2）改善风光条件。及时摘心绑蔓，通风透光，可减少发生。

（3）药剂防治。主要防治时期在上半年，葡萄开花以前结合防病，加入杀虫剂如毒死蜱、菊酯类农药进行防治。第一代若虫发生期比较整齐，掌握好时机，间隔5~7d，连喷2~3次，防治有利。常用农药有40%毒丝本（毒死蜱）乳油1 000~1 500倍液，或50%辛硫磷乳油1 000~1 500倍液，或50%马拉硫磷乳油800~1 500倍液，或2.5%溴氰菊酯乳油1 000~1 500倍液，或20%氧戊菊酯乳油1 000倍液，或2.5%的敌杀死乳油2 000~3 000倍液，或2.5%的功夫乳油3 000~4 000倍液。

二、葡萄病害防治技术

（一）葡萄白腐病

葡萄白腐病又叫腐烂病、水烂、穗烂，是一种非常严重的葡萄病害。

1. 症状

白腐病主要发生在果穗，也为害新梢和叶。感病果穗先在穗轴或果柄上出现水渍状淡褐色不规则病斑，以后果柄穗轴逐渐枯死，并蔓延到果粒，果粒基部先变色软腐后迅速扩展，整个果粒变褐腐烂。很快果面密生灰白色小颗粒，发病严重时整个果穗腐烂，受震动时病果极易脱落，不脱落的病果失水干缩成有棱的僵果。

新梢发病多在伤口处或节部，病斑初呈水渍状，淡褐色，边缘色深，逐渐发展成暗褐色不规则的大斑，病部凹陷，表面密生灰白色小颗粒，病部环绕新梢一圈时上部枝叶由绿变黄逐渐枯死，枝条表面病皮呈丝状纵裂，与木质部分离。

叶片多从叶缘叶尖开始发病，初呈水渍状近圆形或不规则的浅褐色病斑，以后逐渐扩大成有环纹的大斑，其上生有灰白色小颗粒，以叶片反面叶脉两边为多，最后病斑干枯破裂。

2. 发病规律

病菌随带病残体在土壤中越冬，随气流、雨水传播，可从叶片的水孔侵入，也可直接从果柄穗轴侵入，但不能从无伤的落果侵入。潜伏期 3～7d，采收前湿度大，易发病。

品种不同抗病性不同，果粒较硬、皮厚的品种较抗病。土壤黏重，地下水位高，杂草丛生，结果部位太低，果实着色期均易发病。高温高湿，前期干旱，后期裂果，日灼，有利于病害发生。

3. 防治方法

（1）生长期及时剪除病蔓，摘除病叶、病果，采收后刮除病皮，清理病叶，秋季修剪时剪除病蔓。

（2）加强管理，提高结果部位，近地面的老叶注意通风，清除杂草，防日灼，防虫害，生长期注意施肥均衡，后期适当控水防止裂果。

（3）土壤消毒。前一年发病严重的温棚于当年发病前，用福美双 1 份、硫黄粉 1 份、碳酸钙 2 份混合后撒于地面，每 $667m^2$1～2kg。

（4）树上保护。发病开始，喷洒 50%退菌特可湿性粉剂 800～1 000 倍液，或 50%扑海因可湿性粉剂 1 000～1 500 倍液，或 50%甲基托布津可湿性粉剂 500 倍液，或 50%福美双湿性粉剂 600 倍液，或 50%退菌特湿性粉剂 800～1 000 倍液，或 50%福美双湿性粉剂 1 份，加 50%福美锌湿性粉剂 1 份，加水 1 000 倍。

（二）葡萄黑豆病

葡萄黑豆病又名疮痂病，主要危害果实、果柄、叶片、叶柄、枝蔓、新梢、卷须等绿色部分。

1. 症状

叶片、叶柄染病时，病部出现针头大小、红褐色至黑褐色斑点，周围有黄色晕圈。以后病部扩大，呈圆形或不规则形，边缘深褐色或紫色，中部灰白色略凹陷、坏死，干燥时坏死斑破裂形成穿孔。病部周围仍保持紫红色晕圈。叶脉上的病斑呈梭形稍凹陷，灰色或灰褐色，边缘深褐色，病斑干枯后造成叶片扭曲皱缩。嫩叶受害后皱缩最明显。严重时病斑连成片使叶片枯死。

绿果受害，最初可见褐色圆形的小斑点，后斑点扩大，中部凹陷，变为灰白色，外部仍为褐色，边缘紫褐色，似鸟眼状，多个小病斑可连接成大病斑，果实长不大，以后病斑硬化龟裂，失去食用价值。染病晚的果实仍能长大，病斑仅限于果皮，凹陷不明显，可食但味酸，空气潮湿时，病斑上出现乳白色的黏性物质。

穗轴发病可使全穗发育不良，甚至枯死。果柄得病可使果实干枯脱落或变为僵果。

新梢卷须发病时，初现圆形或不规则的褐色小点。以后病斑变为灰褐色，边缘黑褐色或紫色，中部凹陷开裂。枝蔓上的病斑可深达髓部，新梢卷须发病严重时停止生长，萎缩枯死。

2. 发病规律

病菌主要在病蔓、病梢、病叶痕中越冬，也可在病果、病叶、残体中越冬。第二年环境条件适合时，病菌随气流和雨水传播，可直接侵入寄主，潜伏期1~2周。最初受害的是新梢及幼叶，以后侵染果、卷须等。病害发生于现蕾开花期。病菌在表皮下为害蔓延，产生新的繁殖体，湿度大时进行再侵染。葡萄植株个体抗病力随发育阶段不同而变化。一般抗病性随组织成熟度的增加而增加。嫩叶、幼果、嫩梢等最易感病。停止生长的叶片及着色的果实抗病力增强。偏施氮肥，新梢生长不充实，秋芽发育旺盛的植株，及果园土质黏重、地下水位高、湿度大、通风透光差的均发病较重。温棚管理不好，水肥配合不当，树势衰弱，都会引发病害发生。多数欧美品种抗病，东方品种易感病。

3. 防治方法

（1）选栽抗病品种。

（2）新栽葡萄棚时，可对葡萄苗用0.5%五氯酚钠混合3°Be石硫合剂；或10%硫酸亚铁加1%的粗硫酸液，浸苗3~5min。也可在萌发前进行全株喷药。

（3）清除越冬病原。结合修剪清除病梢病果，春季刮除枝蔓上的病斑，扫除落叶集中烧毁。

（4）葡萄萌芽前，喷0.5%五氯酚钠混合3°Be石硫合剂，或10%硫酸亚铁加1%的粗硫酸。

（5）葡萄展叶后至果实着色前，可喷1：0.7：200~1：0.7：240；或30%复方多菌灵800倍液；或50%敌菌丹可湿性粉剂1000倍液；或50%扑海因可湿性粉剂1000倍液；或65%代森锰锌可湿性粉剂600倍液，每10~15d喷1次，开花前和落花后是关键。

（三）葡萄房枯病

也叫轴枯病、穗枯病、粒枯病，是一种真菌引起的病害，主要为害葡萄小果梗、穗梗和果粒，也能为害叶片。

1. 症状

在发病初期，小果梗基部呈深红黄色，边缘具褐色至暗褐色晕。病斑逐渐扩大，果梗逐渐变成褐色，当病斑环绕果梗一周时，果梗即干枯，其上着生的果粒先从基部呈缺水状，并形成红褐色至黑褐色病斑，逐渐蔓延到全粒，最终皱缩、干枯成为黑色僵果。穗梗得病时，出现圆形或不规则形深褐色病斑，逐渐扩大，致使穗梗干枯，全穗皱缩，果粒呈赤褐色至黑褐色僵果，悬在枝上，不容易脱落，其上密生黑色小点粒，即分生孢子器。叶片得病时，先发生圆形小斑点，逐渐扩大，病斑中央呈灰白色，其上生黑色小点粒，外部呈褐色，边缘黑色。

2. 发病规律

病菌在带病的果粒、果梗、僵果和叶片上越冬，温棚升温后条件适宜时产生孢子，借气流雨水传播。病菌发育最适温度为35℃，因此在高温多湿，最适于发病。近成熟期发病严重。在适宜的条件下反复侵染。欧亚系统的品种较感病，美洲系统的品种发病轻。

3. 防治方法

（1）升温前彻底清扫葡萄温棚，收集带病的果、叶，集中烧毁。

（2）加强管理，改善通风透光条件，增强植株的抗病力。

（3）药剂防治。在葡萄落花后开始喷1∶0.7∶200波尔多液；或50%苯菌灵可湿性粉剂1 500倍液；或70%甲基硫菌灵超微可湿性粉剂1 000倍液；或75%百菌清可湿性粉剂600~800倍液。隔15~20d喷1次，共喷3~5次。

第二节　仁果类果树病虫害防治技术

一、仁果类果树虫害防治技术

（一）桃小食心虫

1. 分布及为害

桃小食心虫属于鳞翅目，蛀果蛾科，简称桃小，又名桃蛀果蛾。桃小食心虫分布很广，主要分布在华北、东北、华东、北部及西北的苹果、梨及枣产区。桃小寄主植物很多，已知的有10多种，分属于蔷薇科和鼠李科，其中以苹果、梨、枣受害重，在甘肃、宁夏等地为害也日趋加重。

被该虫为害的苹果俗称"猴头""糖馅""豆沙馅"。幼虫多由果实的胴部或底部蛀入果肉，蛀后 2~3d，蛀孔口流出水珠状的果胶，俗称"淌眼泪"，果胶干后留下一片白色蜡质膜。随着果实的生长，蛀孔愈合成一个小黑点，周围的果皮略凹陷。幼虫在果实内蛀食果肉形成弯弯曲曲的虫道。幼虫在果实膨大期为害，则果形不正，常成畸形果，俗称"猴头果"。但在果实接近收获期钻蛀为害，则果实不变形。幼虫为害后虫道充满红褐色虫粪，俗称"豆沙馅""糖馅"，完全失去食用价值。幼虫老熟后脱果，在果面上有直径为 2~3mm 的脱果孔。被咬破的脱果孔外常有新鲜虫粪，脱果孔的附近无幼虫吐的丝。枣果被害之后，大量的虫粪堆集在枣核的周围。刚蛀入果肉的幼虫，被药剂杀死，则入果孔愈合成绿色小点，俗称"青丁"。

2. 形态特征

成虫。体长 5~8mm，翅展 13~18mm。通体灰白色或浅灰褐色。主要特征在前翅，前翅近前缘中部有一蓝黑色近于三角形的大斑。基部及中央部分具有 7 簇黄褐色或蓝褐色的斜立鳞片。雌雄的差别表现在：①雄性触角每节腹面两侧是纤毛，雌性触角无此种纤毛；②雄性下唇须向上翘，雌性下唇须长而直，略呈三角，前伸，雄虫翅展 13~15mm，雌虫 16~18mm；③雄性翅僵 1 根，雌性 2 根。

卵。深红色，椭圆形或桶形，以底部黏附于果实上。卵壳上有不规则的略呈椭圆的刻纹。端部处环生 2~3 圈"Y"形外长物。

幼虫。末龄幼虫体长 13~16mm，体呈桃红色，幼龄幼虫体色淡黄白或白色。前胸侧毛组具 2 毛。第八腹节的气门较其他各节的更靠近背中线。腹足趾钩排成单序环。无臀栉。

蛹。体长 6.5~8.6mm，体呈淡黄白色至黄褐色。体壁光滑无刺。翅、足及触角端部不紧贴蛹体而游离。茧有两种：一种为扁圆形的越冬茧，由幼虫吐丝缀合土粒而成，十分紧密；另一种为纺锤形的蛹化茧，亦称"夏茧"，也是由幼虫吐丝缀细土黏合而成。质地疏松，一端备有成虫羽化的孔。夏茧内是蛹，冬茧内是幼虫。

3. 生活史及习性

据甘肃农业大学调查，桃小食心虫在天水一年一代，以老熟幼虫在树下土中 3~6cm（少数可达 9~13cm）深处做圆茧越冬，越冬幼虫一般于 6 月上、中旬开始破茧出土，并于出土后的 1~2d 内在树下地面，附着在土块、杂草等物上做纺锤形夏茧化蛹。出土时间依地区和土壤含水量等情况而异，很不整齐，可一直拖到 8 月上旬。越冬成虫一般从 6 月中旬至 8 月初都可见，出土至羽化的时间多为 11~20d，平均为 14d。田间卵始见于 6 月上、中旬。6 月中、下旬始见虫果，为害盛期在 7 月上旬至 8 月中下旬。第一代幼虫在果内的历期约为 24.7d，7 月中旬即可见脱果幼虫，11d 左右成为成虫；第二代幼虫于 8 月下旬开始脱果，所以在晚熟的品种如国光、红玉等果实上不但有各龄幼虫，甚至还有卵，这就给防治增加了很大的难度。

成虫晚间 6—8 时羽化。白天隐伏于苹果枝叶上及杂草间，日落后稍见活动，深夜最为活泼。无趋光性和趋化性。

成虫羽化后过 1~3d 就产卵。田间卵发生在 6 月中旬，可延续至 9 月中、下旬，发生期长达 90~100d。卵绝大部分产在果实上，极少数产在叶、芽、枝上。在果实上的卵，90% 的产于萼洼，5% 的产于梗洼内，极少数的产在果实的胴部及果柄上。一个果实上卵数不定，多者可达 20~30 粒。幼虫孵化后，在果面爬行数十分钟至数小时之久，寻觅适当的部位，开始啃咬果皮，咬下的果皮，并不吞食，因此胃毒剂对它无效（要用触杀剂及内吸剂）。大部分幼虫均从果实的胴部蛀入果内。幼虫入果后，大多直入果心，食害果实的种子，然后再蛀入果肉。田间最早在 6 月中、下旬可发现被害果，7 月上、中旬数量最多。幼虫从蛀果至脱果，在第一代幼虫中，在果内均需 24.7d 完成发育。

幼虫老熟之后，咬一圆孔，脱出果外。在初咬穿的脱果孔外，常积有新鲜虫粪（被害时有两个孔，一个是入果孔，一个是脱果孔）。幼虫爬出孔口，直接落地，入土结越冬茧化蛹，继续发生第二代，第二代的发生是一个局部世代。

4. 防治方法

桃小食心虫的防治经验是：狠抓树下防治（或者地面防治，消灭出土幼虫），适时树上防治（喷药灭卵和初孵幼虫），园内与园外防治相结合，化学防治与人工防治相结合，对苹果树和其他树的防治相结合。

（1）狠抓树下防治，消灭越冬和出土幼虫

总结桃小食心虫的树下防治（或地面防治）方法，可分为两类，一类为化学药剂防治，另一类是非化学药剂防治，有时为了提高防效，会将这两类办法配合使用。

①药剂处理土壤

在越冬幼虫出土前，或始期和盛期时，在距树干 1m 范围内施药或树盘内全面施药。用 50% 辛硫磷乳油，或 75% 辛硫磷乳油，或 40% 甲基异硫磷乳油，或 50% 地亚农乳油等翻埋或制成 200~300 倍液毒土撒施。也可施用 5% 辛硫磷颗粒剂，或 25% 辛硫磷微胶囊剂，或 25% 对硫磷微胶囊剂，连续施药 2~3 次较好。施用上述药剂之后，在地面划锄一下，使药土混合均匀，以增加防治效果。山地果园，除树冠下施药外，还应在越冬幼虫出土盛期，对石坝、梯田等隐蔽场所喷洒农药，杀灭出土幼虫。

②非化学药剂防治

有树干基部压土和覆盖薄膜两种方法。

a. 树干基部压土

在越冬幼虫脱果前压土。在树干基部 1m 内压 6～10 cm 厚的土，诱使幼虫入土越冬，冬天刨开，使越冬幼虫冻死一部分，春天再将土堆高，压实，使幼虫不能出土。

在桃小食心虫幼虫出土高峰前压土，压紧实，大大减少出土的桃小食心虫幼虫。为了防止烂根，雨季要扒开培土。

出土高峰前压土。为了便于培土，可在桃小食心虫脱果越冬前，在树干周围挖一网穴，将穴底土弄松，引诱桃小食心虫在穴底土内作茧越冬，在第二年桃小食心虫出土高峰前，将刨出来的土回压到穴内，压实，减少出土幼虫。

结夏茧期间压土。于结夏茧期间，在距树干 0.5～1m 地面范围内，培土 3.3～6.6 cm，并拍实压紧，可杀灭夏茧。

地面施药压土。在桃小食心虫严重的果园，先地面施药，再培土，效果更好。

b. 绑草绳诱杀法

于结夏茧期间（幼虫出土前）用草绳在树干基部绑 2～3 圈，诱集出土幼虫入内化蛹定期捕杀。

c. 塑料薄膜覆盖法（地面）

在越冬幼虫出土前，用塑料薄膜压在树茎周围，边缘用土压实，可使越冬幼虫不能出土。由于塑料薄膜易坏，因而施用时能把草除净更好。此法如和地面施药结合，效果更好。

（2）加强树上防治

①药剂防治

在卵果率达 0.5%～1% 时，喷药消灭卵或初孵幼虫。目前应用的药剂有：杀螟松、巴丹、10% 除虫精、速灭杀丁、杀灭菊酯、BT 乳剂、灭扫利、功夫、乐斯本 850 系列、蛔蒿素、蔬果磷、水胺硫磷、天王星、地亚农、阿维因。一般施药次数据田间情况而定。

②非药剂防治

a. 性诱剂诱杀。与水碗扑杀器或粘胶板捕杀器结合使用。

b. 果实套带。较费工。日本人做得很多，不但可防虫，而且果实着色效果也好。

c. 摘除虫果。

（3）园内、园外防治

主要消灭堆果场、果品收购站等地方及包装物上可能越冬的幼虫。

（4）其他树上防治

除苹果外，桃小食心虫还为害梨、枣、李等，特别是枣树，为害相当重。因此，要注意这些果树上的防治。

（二）梨星毛虫

1. 分布及为害

梨星毛虫属鳞翅目，斑蛾科，又名梨叶斑蛾，俗称"饺子虫"。国内分布普遍，在甘肃省果区发生普遍且严重。

该虫的寄主植物有梨、苹果、海棠、山楂等果树，以梨树受害最重。幼虫食害芽、花蕾、嫩叶。花谢后幼虫吐丝将新叶缀连成饺子状，在内部取食叶肉，只留下透明的表皮。受害部位变褐枯死，引起落叶，使树体营养不足，花芽分化不良，往往造成连年不能结果，损失很大。

2. 形态特征

成虫。体中型，全体呈淡黑褐色，翅略透明，翅脉明显黑色，中室棒状，中间有一中脉，雄虫触角呈双栉齿状，雌虫触角呈锯齿状。

卵。扁椭网形，长 0.7mm，初产时呈乳白色，近孵化时呈黄褐色。

幼虫。初龄幼虫呈灰白色，有紫褐色纵线数条，有黄褐色长毛，老熟时体长 9 ~ 13mm，乳白或黄白色，纺锤形。头黑色，胸腹部淡黄色，中胸至第八腹节两侧各有 1 个黑色圆斑，各节背面有 6 簇横列白色毛丛。

蛹。体长约 12mm，纺锤形，初为淡黄色，后期为黑褐色。幼虫完全变态，寡足型，被蛹。

3. 生活史及习性

此虫在甘肃天水大概一年一代。以 2 龄幼虫潜伏在树干及主枝的粗皮裂缝下结茧（灰黑色）越冬，或在幼树体主干附近的土壤中结茧越冬。次年梨树发芽时，越冬幼虫开始出蛰，向树冠转移。此时，如花芽尚未开放，先从芽旁露白处咬一小孔，钻到芽内为害；如花芽已经开放，则由顶部钻入为害。虫口密度大时，花芽被吃空，变黑枯死，继而为害花蕾和叶芽。展叶后，幼虫转移到叶片上，吐丝将叶缘两边缀连成饺子状，居于其中取食后，留下表皮，后被害叶干枯。一只幼虫能转苞为害 7 ~ 8 个叶片。5—6 月是幼虫为害高峰期。幼虫老熟后，在最后一个苞叶内结薄茧化蛹，蛹期10d。在天水地区6—7月为成虫活动盛期。成虫飞翔能力不强。白天静伏在叶背不动，傍晚和夜间进行交尾产卵。卵多产于叶片背面。当早晨气温低时，成虫易被震落。卵期7~8d。幼虫孵化以后群集于叶背取食叶肉，经1d左右分散活动为害。7月下旬—8月上旬，当年一代幼虫盛发期开始越冬。在河南及陕西关中一带，有一部分幼虫在6月下旬开始越夏越冬，一年也只发生一代，另一部分幼虫继续为害。老熟后化蛹羽化，发生第二代，仅以幼龄幼虫越冬。

4. 防治方法

（1）消灭越冬幼虫。在早春果树发芽前，越冬幼虫尚未出蛰时，刮除果树主干上的老皮，消灭在粗皮裂缝中越冬的幼虫。如能细致彻底刮除，收效很好。对幼树，可在树干周围压土消灭越冬幼虫。

（2）药剂防治。梨树花芽膨大期是药剂防治梨星毛虫越冬后出蛰幼虫的有利时机。另外，在幼虫为害到来而未结苞前也可用药。可用90%敌百虫，或40%水胺硫磷乳剂，或50%马拉硫磷，或50%辛硫磷乳油1 500~2 000倍液。如果是防治第一代卵及初孵幼虫，可改用95%巴丹3 000倍液。

（3）在发生为害不重的果园，可人工及时摘除虫苞，或者清晨振荡树枝，消灭成虫。

（4）可在幼虫期用青虫菌或苏云金杆菌制剂防治。

（三）绣线菊蚜

1. 分布及为害

绣线菊蚜又叫苹果黄蚜、苹果蚜，属同翅目，射虫科，俗称蜜虫、腻虫。绣线菊蚜在我国发生比较广泛。它分布于黑龙江、吉林、辽宁、河北、河南、山东、山西、陕西、甘肃、宁夏、新疆、四川、云南、江苏、浙江、湖北、台湾等省（区）的果产区。

寄主植物有苹果、梨、桃、李、杏、樱桃、沙果、海棠、山楂、枇杷等果树。它的成虫和若虫群集加害新梢、嫩芽和叶片。被害叶的叶尖向叶背横卷（这与因苹果瘤蚜为害而纵卷的被害叶片相比，极易区分），蚜群刺吸叶片汁液后，影响光合作用，抑制了新梢生长，严重时能引起早期落叶，使树势衰弱。另外，该虫可在果实上为害，影响果实正常生长，其分泌物污染叶片和果实，不仅极大影响了光合作用，而且降低了果品质量。

2. 形态特征

无翅胎生雌蚜。体长约1.6mm近纺锤形，体黄色、黄绿色或绿色。头部、复眼、口器、腹管和尾片均为黑色，口器长达中足基节窝，触角明显比体短，其基部呈淡黑色。腹管呈圆柱形，尾片呈指状，生有 10 根左右弯曲的毛。体两侧有明显的乳头状突起。

有翅胎生雌蚜。体长约 1.5mm，头、胸部、口器、腹管和尾片均为黑色，复眼呈暗红色，口器可长达后足的基节窝，触角较体短，共 6 节，第三节常有网形次生感觉孔 6~10 个，第四节有 2~4 个。腹部呈黄绿色或绿色，两侧有黑斑，并有明显的乳头状突起，翅透明。

卵。椭圆形，漆黑色，有光泽。

若虫。鲜黄色，似无翅胎生雌蚜，触角、复眼、足和腹管均为黑色，腹管很短。

3. 生活史及习性

该蚜虫为留守蚜，取食幼嫩叶片和新梢，低龄树和苗木受害严重。该蚜一年发生 10 代以上，以卵在越冬树体的枝条上越冬。来年 3 月底至 4 月初，当苹果萌动以后，卵开始孵化。孵化后的干母先在刚开绽的芽顶端为害，后在新展开的嫩叶上生活。10d 后产生无翅胎生的干雌，继续为害。5 月后开始出现有翅蚜，并开始在树体上和果园中扩散蔓延。每年以初夏即麦收前后为害最重。除在嫩叶和新梢上取食为害外，当其密度大时可在幼果上为害。7 月中旬后，由于新梢停长，其数量也随之下降。10 月以后产生性蚜，交尾后产卵越冬。

4. 防治方法

（1）早春喷药防治

大约在苹果萌芽后，当卵的孵化率达到 80% 时喷药防治，可使用 3% 吡虫清（啶虫脒、莫比朗）乳油 1500 倍液或 10% 吡虫啉（扑虱蚜）可湿性粉剂 4 000 倍液等喷药防治。

（2）春季药剂涂干

在开花前 15d，可先将老树皮刮除，10 年生的树刮除的宽度为 6cm，幼龄树不能刮，桃树也不宜刮皮，否则容易发生药害。刮皮时，出现少量嫩皮即可。也可刻条，条长 15cm，条间间隔 2cm。可使用吡虫清或氧化乐果 2~3 倍液涂干，第一遍干后，再涂第二遍，然后用地膜包扎起来。用药 5d 后，即可杀死大部分的蚜虫，并可维持药效长达 50d，即一个生长季节。此法对绣线菊蚜效果较差。注意，在 5 月下旬应将地膜去除，否则，在雨季会导致树皮腐烂。

（3）开花后的防治

在开花后，当蚜虫呈点片发生时进行防治。除以上药剂外，还可使用 25% 阿克泰水分散剂 8 000~10 000 倍液，或 50% 抗蚜威（避蚜雾）可湿性粉剂 4 000 倍液，或 20% 速灭杀丁（氰戊菊酯）乳油 1 000 倍液，或 10% 氯氰菊酯乳油 1 500 倍液，或 5% 高效氯氰菊酯乳油 1 500 倍液，或 2.5%功夫菊酯乳油 2000 倍液，或 5%来福灵乳油 2 000 倍液等喷雾。

（4）严重发生时的防治

在该蚜大发生时，可使用 10%吡虫啉可湿性粉剂 3 000 倍液，或 25%阿克泰水分散剂 8 000 倍液，或 3%吡虫清乳油 1 500 倍液，或 48%乐斯本乳油 1 500 倍液等进行防治。

5. 生物防治

可保护并利用瓢虫、草蛉等控制蚜虫的发生。

二、仁果类果树病害防治技术

（一）苹果树腐烂病

苹果树腐烂病又称烂皮病，是苹果树枝干上的重要病害。受害严重的果园，树干病疤累累，树势严重衰弱。腐烂病除为害苹果外，还可感染沙果、海棠等苹果属植物。

1. 症状

苹果树腐烂病多发于树龄 10 年以上的结果树，主干和大枝受害显著重于小枝。其症状可归纳为溃疡型和枝枯型两种类型。

（1）溃疡型

在冬春发病盛期和夏秋衰弱树上发病时，一般呈溃疡型。主要发生在结果树的中心干、主枝下部、结果树主枝与主干分杈处及幼树的主干。病部皮层鲜红褐色，水渍状湿腐，有酒精味，用手压之即下陷，并流出红褐色汁液，皮层极易剥离。后期病部失水下陷与健部交界处发生裂缝，表面产生有突起的小黑点。在雨后或天气潮湿时，从小黑点涌出橘黄色卷须状物。

（2）枝枯型

春季在 2~5 年生小枝上，病斑不隆起，亦不呈水渍状，而是全枝迅速失水枯干，很快死亡。

苹果腐烂病除为害枝干外，有时也能侵染果实。果实上的病斑近圆形或不规则形，有同心轮纹，病组织软腐，有酒精味，病斑中部产生小黑点。

2. 病原

苹果腐烂病菌属于子囊菌亚门，黑腐皮壳属。无性阶段属于半知菌亚门，壳囊孢属。病斑上的小黑点是内含分生孢子器或子囊壳子座。分生孢子器形成较早，多腔室，有共同孔口。分生孢子单胞、无色、香蕉形，内含球。子囊壳生于内子座上，烧瓶形，子囊纺锤形，有 8 个子囊孢子。子囊孢子排成两行或不规则，单胞，无色，香蕉形。

3. 发病规律

病菌以菌丝体、分生孢子器及子囊壳在病组织内越冬，翌春遇雨时，大量分生孢子和子囊孢子从分生孢子器和子囊壳中排出，通过雨水飞溅和昆虫活动传播，从各种伤口和皮孔侵入。一年中苹果腐烂病的周期变化：①夏季（6—8 月），苹果树形成自然落皮层，病菌在落层皮内生长蔓延，形成表皮溃疡（即碗口形病斑）；②晚秋冬初（10—11 月），苹果树逐渐进入休眠阶段，生活力下降，病菌活动增强，向内侵入健康皮层组织，形成许多坏死斑点（即井口形病斑），并逐渐连接形成较大的病斑；③冬季（11 月—翌年 1 月），气温较低，病害扩展缓慢，症状不明显；④翌年 2—3 月，随气温回升，病斑扩展速度再度加快，外观症状明显，对树体为害加重；⑤苹果萌芽展叶进入生长旺盛期后，树体的抗病性增强，病斑扩展渐趋停止，至 5 月发病盛期结束。

管理粗放、果树营养不良、负载量过大、修剪过重、伤口过多、虫害及其他病害的为害、冻害都会导致树势衰弱，加重腐烂病的发生。愈伤能力强的品种或单株发病轻。枝条含水量在 80% 以上，有利于愈伤，所以 6—7 月高温高湿的年份伤口愈合快，病斑扩展缓慢或停止。

4. 防治方法

应采取以加强管理、提高树体抗病力、及时清除病变组织和潜伏病菌为重点，结合进行涂药治疗的综合防治措施。

（1）加强栽培管理。合理修剪整枝，培养良好的树形和树势；有机肥和化肥及氮、磷、钾肥配合施用；合理疏花疏果，确定适宜载果量；秋季对幼树进行绑草、培土、树干涂白，以防冻害；注意果园排灌，防止早春的旱害和夏季积水，避免后期施肥、灌水，防止晚秋徒长以免遭冻害；防治害虫和早期落叶病；结合修剪，及时清除病残枝干、残桩，以减少果园病菌来源。有条件的地区应在 5 月上中旬进行套袋，套袋前果园全面喷药一次。

（2）铲除菌源。果树发芽前和 6—7 月，在先刮除病疤和粗翘皮后，用 50% 福美砷可湿性粉剂 100 倍液涂刷直径 3~4cm 以上的大枝，以杀死树皮浅层病菌。

（3）重刮皮。一般在 5—6 月进行。将主干、主枝基部树皮表层刮去 1mm 左右的死亡组织，刮到露出淡绿或黄白色鲜皮为止，最深不能触及形成层。对枝杈等树皮较薄的部位要细心刮，刮面要光滑，刮后不涂药剂以利愈合。

（4）治疗病斑。在春秋发病盛期突击刮治，并且要常年坚持。将病斑及周围 1cm 范围内的健康组织刮除，集中烧毁。刮治时将病斑刮成梭形，边缘立茬以利于愈合。每次刮治后，伤口应涂抹 2.12% 腐殖酸铜水剂 $200g/m^2$，加有 2% 平平加的 40% 福美砷、5～10 波美度石硫合剂，或松焦油（即腐必清）原液，每年春夏各涂一次，可基本控制病疤复发。也可用利刀以 0.5cm 的间隔，在病斑及周围 1cm 的范围内纵横交叉划几道，深至木质部，然后用毛刷将上述药液涂抹于病部，每周涂 1 次，连续涂 3 次。

（二）苹果轮纹病

苹果轮纹病又名粗皮病，此病寄主范围很广，可侵染苹果、梨、桃、李、杏、海棠等果树。轮纹病是苹果枝干和果实的重要病害之一，常与干腐病、炭疽病等混合发生，为果品生产的重大威胁，近年有蔓延加重趋势。

1. 症状

枝干受害，以皮孔为中心，形成红褐色圆形或扁圆形的瘤状物，直径 3～30mm，坚硬，边缘龟裂与健康组织形成一道环沟，病瘤翘起如马鞍状。翌年病斑中间生黑色小粒点即分生孢子器。严重时，许多病瘤连在一起，使表皮粗糙。

果实受害，在成熟期或贮藏期，以皮孔为中心，生成圆形、褐色病斑，有淡褐色与深褐色相间形成的同心轮纹，后期病部中心表皮下散生黑色小粒点（分生孢子器）。严重者整果腐烂，有酸臭味，失水后变为黑色僵果。

叶片受害，产生近圆形同心轮纹状或不规则形褐色病斑，大小 5～15mm，渐变为灰白色，并生小黑点，病斑多时叶片干枯早落。

炭疽病与轮纹病的症状区别：炭疽病病斑为圆形、褐色，果肉软腐味苦，果心呈漏斗状变褐，表面下陷，小黑点呈同心轮纹状排列。

2. 病原

苹果轮纹病菌属于半知菌亚门，大茎点属。分生孢子器球形至椭圆形。分生孢子无色、单胞，纺锤形或长椭圆形，两端稍尖。病菌分生孢子萌发对湿度要求严格，离开水膜分生孢子不能萌发。

3. 发病规律

病菌主要以菌丝体、分生孢子器及子囊壳在被害枝干上越冬。枝干病瘤每年 4—6 月产生分生孢子，靠雨水飞溅传播，为初侵染源，7—8 月孢子散发最多。病菌从皮孔和伤口侵入。果实从坐果后至成熟期（4 月下旬—9 月）均能感染轮纹病，尤以 5—7 月为病菌集中侵入时期。病菌具有潜伏侵染的特性，到果实近成熟或贮藏期表现症状。枝干上的新病斑当年不形成分生孢子器，第二、三年大量形成，第四年后减弱。

轮纹病菌为弱寄生菌，树势衰弱时发病重。挂果过多、肥水不足、偏施氮肥，以及蛀果和蛀干性害虫为害严重等均可导致树势衰弱，从而加重发病。气温在20℃以上，相对湿度大于75%或雨量达10mm时，或连续下雨3~4d，病菌孢子释放量大，寄主感染概率增加，病害发生重。不同品种感病性不同，皮孔密度大、表皮结构疏松的品种较感病，如富士苹果、鸭梨等受害严重。

4．防治方法

应采取选用无病苗木、加强栽培管理、铲除越冬菌源和生长期喷药保护相结合的综合治理措施。

（1）加强栽培管理。同腐烂病。

（2）减少菌源。冬季结合修剪，刮除病瘤、老翘粗皮，携出集中烧毁。早春发芽前，全树喷施50%多菌灵可湿性粉剂100倍液、3~5波美度石硫合剂等。重刮皮同腐烂病。

（3）生长期化学保护。第一次喷药应在落花后10d左右进行，一般隔10~15d喷1次，连续喷4~6次，早中熟品种至8月上旬结束，晚熟品种至9月上旬结束。树冠、枝干应全面喷药。幼果期不宜使用波尔多液，易引起果锈；果实膨大期可选用80%代森锰锌（大生M-45）可湿性粉剂400~600倍液和1：1：200波尔多液交替使用；还可选用3%中生菌素粉剂1 000倍、25%苯醚甲环唑乳油8 000倍、70%甲基硫菌灵可湿性粉剂1 000倍液等。最后一次宜采用内吸性杀菌剂，以控制成熟果实的腐烂。

（4）贮藏期烂果控制

采前喷50%多菌灵或50%甲基硫菌灵可湿性粉剂800倍液，贮藏前再用以上药剂浸泡果实，也可用25%咪鲜胺乳油500~1 000倍液浸果1~2mm，晾干包装；或用多功能保鲜纸包果，装箱低温贮藏，以1~2℃为宜。

第三节　核果类果树病虫害防治技术

一、核果类果树虫害防治技术

（一）桃蛀螟

桃蛀螟俗称桃蛀心虫，属鳞翅目，螟蛾科。在国内南北方均有分布，是桃树的重要蛀果害虫。除为害桃外，还能为害杏、苹果、梨、核桃、板栗、无花果等多种果树及高粱、玉米、向日葵、蓖麻等。在桃果上幼虫多从桃果柄基部和两果相贴处蛀入，蛀孔外堆有大量虫粪，虫果易腐烂脱落。

1. 形态特征

（1）成虫。体长 9~14mm，橙黄色，体背及前后翅散生大小不等的黑色斑点。

（2）卵。扁椭圆形，长 0.6~0.7mm。初产乳白色，后渐变为红褐色。

（3）幼虫。老熟幼虫体长 22~26mm。体背淡红色，中、后胸及 1~8 腹节各有褐色毛片 8 个，前排 6 个，后排 2 个。

（4）蛹。体长 10~14mm，初化蛹时淡黄绿色，后变深褐色。

2. 发生规律

在北方各省一年发生 2~3 代，长江流域 4~5 代，主要以老熟幼虫在桃树皮裂缝、向日葵子、玉米和高粱果穗及残株内越冬。在 4 代区，第一、二代幼虫蛀害桃、果为主，第三、四代转害玉米、高粱、向日葵等作物。越冬代成虫发生期为 5 月中、下旬，5 月下旬至 6 月上旬是第一代产卵高峰，以后各代多世代重叠。

成虫对黑光灯有强烈的趋性；以枝叶较密及留果较多的树上，以及两果相接处产卵较多，主要为害早熟桃果。幼虫老熟后多在果柄处或两果相接处化蛹。雨多年份发生重。天敌有黄眶离缘姬蜂、广大腿小蜂。

3. 防治方法

（1）农业防治。早春前清除玉米、向日葵、高粱等残株，并将桃树老翘皮刮净，集中处理，以减少越冬幼虫；桃树合理修剪，合理留果，避免枝叶和果实密接；掌握越冬代成虫产卵盛期，及时套袋保护，可兼防桃小食心虫、梨小食心虫等多种害虫；发现虫果及时摘除。

（2）诱杀成虫。灯光诱杀或用糖、醋液诱杀成虫，可结合诱杀梨小食心虫方法进行。

（3）化学防治。不套袋的果园，掌握在第一、二代产卵高峰期喷药。可选用 2.5% 三氟氯氰菊酯乳油 2 000 倍液、1.8% 阿维菌素乳油 3 000 倍液、25% 灭幼脲悬浮剂 800~1 000 倍液、5% 氟虫腈胶悬剂 2 000 倍液、5% 定虫隆乳油 1 000~2 000 倍液、10% 溴虫腈乳油 2 000 倍液喷雾防治。

（二）桃红颈天牛

桃红颈天牛属鞘翅目，天牛科。主要为害桃、杏、李、樱桃等核果类果树，以桃受害最严重。幼虫主要在主干和主枝基部皮下浅层为害，为害部位外面有木屑状虫粪，受害轻者削弱树势，重者整株枯死。

1．形态特征

（1）成虫。体长28~37mm，宽8~10mm。体黑色光亮，前胸背板大部分棕红色或全黑色，两侧各有1个尖端锐利的刺突，背面有4个光滑的瘤突。

（2）卵。长椭圆形，由绿色变至淡黄色，长1.6~1.8mm。

（3）幼虫。老熟幼虫体长38~55mm，黄白色，前宽后窄呈楔形。前胸背板扁长方形，前缘有2块凹字形褐色斑纹。

（4）蛹。长约36mm。前胸两侧和前缘中央各有1个突起，前胸背面有2排刺毛。

2．发生规律

华北地区2~3年发生1代，以幼虫在树干蛀道内过冬。5—6月幼虫为害最重，6—7月可见成虫。

成虫产卵多产在主干、主枝基部的树皮缝隙中，以近地面30cm范围内较多。幼虫孵化后，主要集中在近地面的主干部分为害，先在树皮下浅层蛀食，第二年当幼虫体长达30mm后，蛀入木质部为害。蛀孔附近散落大量红褐色虫粪及碎屑。

3．防治方法

（1）农业防治

成虫发生前，在树干和主枝上涂白涂剂（生石灰∶硫黄∶食盐∶动物油∶水为10∶1∶0.2∶0.2∶40），防止成虫产卵；夏季捕捉成虫；发现新鲜虫粪时，用铁丝钩杀皮下的小幼虫，或用刀在幼虫为害部位顺树干纵划2~3道杀死幼虫。

（2）熏杀幼虫

在新鲜排粪孔处，清洁完排粪孔后塞入半片52%磷化铝片剂（每片为3.3g），然后用黏泥团压紧、压实虫孔。

二、核果类果树病害防治技术

（一）桃褐腐病

桃褐腐病又名菌核病，主要发生于我国辽宁、河北、山东、陕西等地。果实生长后期，果园虫害严重，且多雨潮湿，常常流行成灾，引起大量烂果、落果。受害果实不仅在果园中相互传染为害，而且在贮运中继续传染发病，造成很大损失。可为害桃、李、杏、樱桃等核果类果树。

1. 症状

为害果实、花器、枝梢和叶片，以果实受害最重。果实自幼果期至成熟期均受害，越接近成熟期受害越重。发病初期，果面出现褐色圆形病斑，如果条件适宜，数日内即可扩展到全果。病果果肉软腐，表面土褐色，生出灰褐色绒状霉层，呈同心轮纹状排列。病果腐烂后易脱落，如失水较快则干缩成僵果，在树上经冬不落。落地病果翌春有的形成子囊盘。花器最先受害，即先从花瓣和柱头开始，产生褐色水浸状斑点，逐渐扩展到花萼和花柄。潮湿时，病花迅速腐烂，枯死后不脱落。枝梢受害后引起溃疡，病斑长圆形，边缘紫褐色，中央稍凹陷，灰褐色，有时流胶。病斑扩展绕枝一周时，枝条枯死。

2. 病原

桃褐腐病菌有性时期属于子囊菌亚门，链核盘菌属。无性时期属半知菌亚门丛梗孢属。病斑上的灰霉为病菌分生孢子座，上面丛生大量分生孢子梗。分生孢子串生，无色，单胞，圆形或卵圆形。

3. 病害循环

病菌以菌丝体在僵果上越冬，第二年春季产生分生孢子进行初侵染。分生孢子经风、雨、昆虫传播，从伤口或自然孔口侵入。环境条件适宜时，病部产生分生孢子进行多次再侵染。

4. 发病条件

（1）气候

主要是温度和湿度。果树开花期遇低温高湿时，易造成花腐，花腐是再侵染的主要菌源。果实成熟期，如果温暖（20~25℃）、多雨、高湿，果腐严重。

（2）昆虫

昆虫不仅是传播媒介，而且为害造成的伤口给病菌侵入创造了条件。

（3）果园管理

树势衰弱、管理粗放、地势低洼、通风透光差的果园，发病重。

（4）品种

成熟后质地柔软、汁多、味甜、皮薄的品种易感病；表皮角质层厚，成熟后果实组织保持坚硬状态的抗病力较强。

（5）贮藏条件

高温、潮湿损失严重。温度低于10℃不易发病。

5．防治方法

（1）清除菌源

彻底清除僵果、病枝，集中烧毁，同时进行深翻，将地面病残体深埋地下。

（2）防治害虫

喷药防治害虫减少伤口及传病机会，减轻病害发生。

（3）药剂防治

果树发芽前喷布 5°Be 石硫合剂或 45%晶体石硫合剂 30 倍液。落花后 10d 左右开始药剂防治，花腐重的地区可以在初花期（花开约 20%时）加喷一次，可以选用 65%代森锌可湿性粉剂 500 倍、50%多菌灵可湿性粉剂 1000 倍、70%甲基托布津可湿性粉剂 1000 倍、50%速克灵可湿性粉剂 1000~2000 倍、50%苯菌灵可湿性粉剂 1500 倍、50%异菌脲可湿性粉剂 1000~2000 倍、25%苯醚甲环唑乳油 12 000~15 000 倍、25%嘧菌酯悬浮剂 1500~2000 倍液。

（二）桃细菌性穿孔病

分布于我国各地，在多雨年份或地区常引起落叶。为害桃、李、杏、樱桃、梅等核果类果树。

1．症状

主要为害叶片，也能为害果实和枝梢。叶片染病，初生水渍状小点，逐渐扩大成圆形或不规则形病斑，红褐色至黑褐色，直径 2~4mm。周围水渍状并有黄绿色晕圈。以后病斑干枯，病、健组织交界处发生一圈裂纹，脱落形成穿孔，或仅有一小部分与叶片相连。叶片上病斑多发生在叶脉两侧和叶缘附近，有时数个病斑联合成一大病斑，病斑处均易脱落穿孔。枝条染病春季展叶后形成暗褐色小疱疹，直径约 2mm，可扩展至 1~10mm，有时造成梢枯。开花期前后，病斑表面破裂溢脓。夏末在当年生嫩枝上，以皮孔为中心，形成水渍状暗紫色斑点，以后病斑变至紫黑色，圆形或椭圆形，稍凹陷，边缘水渍状，很快干枯。果实染病，病斑暗紫色，圆形，稍凹陷，边缘水渍状。潮湿时可溢出黄色溢脓，干燥时，病斑常发生裂缝。

2．病原

桃细菌性穿孔病菌属薄壁菌门，黄单胞杆菌属，菌体短杆状，单极生鞭毛 1~6 根。干燥条件下可存活 10~13d，在枝条溃疡组织中可存活 1 年以上。

3．病害循环

病菌在病枝梢上越冬，第二年春季桃树开花前后，病斑表面破裂，病菌溢出，借风、雨和昆虫传播，由气孔及枝条上的芽痕侵入。叶片一般在 5 月发病，病菌的潜育期与气温的高低和树势的强弱有关。温度 25~26℃，潜育期 4~5d；20℃ 时为 9d；19℃ 时为 16d。树势衰弱，潜育期缩短；树势强时，潜育期达 40d 左右。

4. 发病条件

春暖潮湿。发病早而重；夏季高温干旱，病势发展缓慢；秋季多雨又可大量侵染。树势衰弱、排水不良、通风透光差和偏施氮肥的果园发病重。

早熟品种发病轻，晚熟品种发病重。感病轻的品种有临城桃、大久保、大和白桃、中山金桃、仓方早生、罐桃 2 号；感病中等的品种有明星、罐桃 12 号、清见、中津白桃、金桃；感病严重的品种有肥城桃、自凤、白桃、高阳白桃、西野白桃。

5. 防治方法

(1) 加强管理，增强树势。注意桃园排水，增施有机肥，避免偏施氮肥，合理修剪，使桃园通风透光，以增强树势，提高抗病力。

(2) 减少菌源。结合冬季修剪剪除病枝，清除落叶，集中烧毁。

(3) 药剂防治发芽前选喷 4~5°Be 石硫合剂、45%固体石硫合剂 30 倍、1:1:100 波尔多液、30%碱式硫酸铜胶悬剂 400~500 倍液。发芽后喷 72%农用链霉素 3 000 倍或硫酸链霉素 4 000 倍液。还可用硫酸锌石灰液（硫酸锌 0.5kg、消石灰 2kg、水 120kg）半个月喷 1 次，喷 2~3 次。

(三) 桃缩叶病

我国各地均有发生，在沿海和滨湖等高湿地区发生较重。早春发病后，引起初夏早期落叶，不仅影响当年的产量和品质，而且影响第二年花芽的形成。

1. 症状

主要为害叶片，严重时也可为害花、嫩梢和幼果。春季嫩叶自芽鳞抽出即可被害，嫩叶叶缘卷曲，颜色变红。随叶片生长，皱缩、扭曲程度加剧，叶片增厚变脆，呈红褐色。春末夏初叶面生出一层白色粉状物，即病菌的子囊层。后期病叶变褐、干枯脱落。新梢受害后肿胀、节间缩短、呈丛生状，淡绿色或黄色。病害严重时，使整枝枯死。幼果被害呈畸形，果面龟裂，易早期脱落。

2. 病原

桃缩叶病菌属子囊菌亚门，外囊菌属。子囊层裸生在角质层下，子囊圆筒形，上宽下窄，顶端平截，无色。子囊内含 8 个子囊孢子，子囊孢子无色，单胞，圆形或椭圆形，能在子囊内、外以芽殖方式产生芽孢子。芽孢子有薄壁和厚壁两种。薄壁孢子能直接再芽殖，厚壁芽孢子有休眠作用，能抵抗不良环境。

3. 病害循环

病菌以子囊孢子和厚壁芽孢子在芽鳞缝隙内及枝干病皮中越冬和越夏。4月初桃树萌芽时，越冬孢子萌发由气孔或表皮直接侵入，每年只侵染一次。病菌侵入后，菌丝在表皮下蔓延，刺激病叶肿大变色，至初夏产生子囊层，孢子成熟后即行放射。在条件适宜时，形成大量的芽孢子。

4. 发病条件

病害的发生和为害轻重与早春气候关系密切。早春桃芽萌发时，如果气温低、持续时间长、湿度大的地区和年份均有利于病菌侵入，发病重；反之发病轻。品种间早熟桃品种发病较重，中、晚熟品种发病较轻。

5. 防治方法

（1）药剂防治

早春花瓣露红但未展开时，喷洒一次 $2 \sim 3°Be$ 石硫合剂或 $1：1：100$ 波尔多液。也可选喷45%晶体石硫合剂30倍、70%代森锰锌500倍、70%甲基硫菌灵1 000倍液等。注意用药要均匀，桃树发芽后，一般不再喷药。

（2）加强果园管理

在病叶初见而未形成白粉状物之前及时摘除病叶，集中烧毁，可减少当年的越冬菌源。发病较重的桃树，由于叶片大量焦枯和脱落，应及时增施肥料，加强管理，促使树势恢复，以免影响当年和第二年的产量。

（四）桃疮痂病

又名黑星病、黑点病。在我国辽宁、山东、河北、江苏等省发生较重。可为害桃、李、杏、樱桃等果树。

1. 症状

主要为害果实，也能为害枝梢及叶片。果实初发病时，果面出现暗绿色圆形小斑点，逐渐扩大。严重时数个病斑联合成片，果面粗糙。果实近成熟时，病斑变紫黑色或红黑色。病菌侵染只限于表皮，不深及果肉。随果实的长大，果面往往龟裂。当果柄被害时，病果常脱落。枝梢染病后，初期为浅褐色椭圆形斑点，边缘紫褐色，大小约 $3mm×4mm$。秋季病斑表面紫色或黑褐色，微隆起，常流胶。翌年春季，病斑变灰色，产生暗色绒点状分生孢子丛。

2. 病原

桃疮痂病菌属半知菌亚门，黑星孢属。分生孢子梗数根丛生，不分支，稍弯曲，有分隔，暗褐色，长度差异很大。分生孢子在梗上单生或形成短链状，椭圆形，多数单胞，无色至浅橄榄色。

3. 病害循环

病菌以菌丝在枝梢的病部越冬。第二年4—5月产生分生孢子，借风雨传播。孢子萌发后，直接穿透寄主表皮层，在细胞间隙中扩展、定植。病菌潜育期在果实上为40~70d，枝梢及叶片上为25~45d。

4. 发病条件

病害的发生、流行与春季及初夏的降雨量关系密切。多雨潮湿的年份或地区发病重。果园低洼、栽植过密、枝叶郁闭的果园易发生。晚熟品种较感病。

5. 防治方法

（1）农业防治

在常发区，可选栽早熟抗病品种。结合冬剪，去除病枝、僵果、残桩，烧毁或深埋。生长期也可剪除病枝、枯枝，摘除病果，减少菌源。注意雨后排水，合理修剪，防止枝叶过密，减少发病。

（2）药剂防治

开花前，喷5°Be石硫合剂或45%晶体石硫合剂30倍液，铲除在枝梢上的越冬病菌。落花后半个月，可选用70%代森锌500倍、80%炭疽福美800倍、70%甲基硫菌灵1 000倍、25%多菌灵250~500倍、40%氟哇唑8 000~10 000倍液喷雾，以上药剂与0.5∶1∶100硫酸锌石灰液或0.3°Be石硫合剂交替使用，效果更好。每半个月一次，共喷3~4次。

（3）果实套袋

桃树可在落花后3~4周进行套袋，防止病菌侵染。

（五）桃炭疽病

我国分布较广，尤以江淮流域桃区发生较重，流行年份造成严重落果，特别在幼果期多雨潮湿的年份，损失更为突出。此病仅为害桃。

1. 症状

主要为害果实，也能侵害叶片和新梢。幼果受害，初期果面呈淡褐色水渍状斑，随果实膨大病斑也扩大，圆形或椭圆形，红褐色并稍凹陷。幼果上的病斑，可顺着果面增大并达到果柄，渐发展到果枝，使新梢上的叶片纵向往上卷，这是本病的特征之一。潮湿时在病斑上长出橘红色小粒点，即病菌分生孢子盘。被害果除少数干缩残留枝梢外，绝大多数都在 5 月间脱落，重时落果占全树总果数 80% 以上。果实成熟期发病，果面病斑显著凹陷，呈明显的同心环状皱缩，并常联合成不规则的大斑，最后果实软腐，多数脱落。新梢被害后，出现暗褐色略凹陷长椭圆形的病斑，潮湿时病斑表面长出橘红色小粒点。病梢多向一侧弯曲，叶片萎蔫下垂纵卷成筒状。在芽萌动至开花期间枝上病斑发展很快，当病斑环绕一圈后，其上段枝梢即枯死。

2. 病原

桃炭疽病菌属半知菌亚门，炭疽菌属。分生孢子梗单胞，无色，线状，少有分支，顶端着生分生孢子。分生孢子长椭圆形，无色，单胞，内含两个油球。

3. 病害循环

病菌主要在树上的病枝和僵果中越冬，翌年早春产生分生孢子，随风雨传播，侵害新梢和幼果，进行初侵染。幼果、新梢发病后产生分生孢子，进行再侵染。此病发生时期很长，在桃的整个生长期间都可侵染为害。北方一般 5—6 月开始发病，枝上有病僵果，树上果实呈圆锥形成片发病，这是雨媒传播病害的特征。

4. 发病条件

桃炭疽病发生与降雨和空气湿度有密切关系。桃树开花及幼果期低温多雨，有利于发病。果实成熟期温暖、多雨雾的高湿环境发病较重。一般 4—6 月降雨高于 300mm，常严重发病。栽培管理粗放、树枝过密、树势衰弱的果园发病重。品种间感病性差异很大，一般早熟和中早熟品种发病较重，晚熟品种发病轻。早生水蜜、小林、太仓、六林甜桃，以及黄肉罐桃 5 号、14 号等均为感病品种；白凤、橘早生次之；大久保、白桃、岗山早生、玉露、白花等抗病力较强。

5. 防治方法

（1）减少菌源

结合冬季修剪，彻底剪除树上的枯枝，清除僵果和地面落果，集中烧毁。萌芽前喷洒 5°Be 石硫合剂。芽萌动至开花前后要反复地剪除陆续出现的病枯枝，并及时剪除卷叶病梢及病果，防止再次侵染。

（2）药剂防治

落花后至 6 月间，每隔 10d 喷药一次，共喷 3~4 次。可选用 70% 甲基托布津 1 000

倍、80%炭疽福美 800 倍、75%百菌清 800 倍、50%克菌丹 400~500 倍、50%多菌灵 1 000 倍、25%咪鲜胺 1 000 倍液等。

（3）加强果园管理

注意果园排水，降低湿度，增施磷、钾肥，提高植株抗病力。

（六）核桃黑斑病

我国西北、华北、西南和华东均有分布。一般植株被害率达 65%~95%，叶被害率 80%~90%，果实被害率为 60%~72%，严重者达 90%以上，造成果实黑腐早落，核仁减重 40%~50%，出油率减少一半左右。

1. 症状

主要为害果实，其次是叶片、嫩梢及枝条。果实染病初为褐色小斑点，病斑边缘不清晰，逐渐扩大为圆形或不规则形漆黑色病斑，雨天病斑四周明显地呈水渍状。幼果发病时，因其果皮尚未硬化，病菌可扩展到果仁，使核仁腐烂。果实长到中等大小，病变只限于外果皮，但果仁生长受阻碍，呈不同程度的干瘪状。叶片受害，初为褐色小斑点，逐渐扩大，病斑受叶脉限制，大多呈多角形或四方形。病斑较小，直径 2~9mm，褐色至黑色，背面油渍状，发亮。雨天病斑四周亦呈水渍状，后期病斑中央呈灰色或穿孔。严重时，病斑连片，整个叶片发黑发脆，风吹后病叶残缺不全。嫩梢及枝条上的病斑呈长梭形或不规则形，黑色，稍下陷，病斑环绕一周枝条枯死。

2. 病原

核桃黑斑病菌属薄壁菌门，黄单胞杆菌属。菌体短杆状，一端有鞭毛。在马铃薯、琼脂、葡萄糖培养基上菌落初呈白色，渐呈草黄色，最后呈橘黄色，圆形。该菌能缓慢地液化明胶，在葡萄糖、蔗糖和乳糖中不产生酸，也不产生气。

3. 病害循环

病菌在病枝的老溃疡斑中越冬，翌春借雨水、昆虫传播到叶上，由叶再传到果。由于细菌侵染花粉，故花粉也是传播媒介之一。细菌由气孔、皮孔和各种伤口侵入。

4. 发病条件

发病与雨水有密切关系，雨后病害常迅速蔓延。因此，在雨水多的年份发病重，干旱年份则发病轻。

5. 防治方法

（1）清除菌源。结合修剪，剪除有病枝梢及病果，并收拾地面落果，集中烧毁，以减少果园中病菌来源。

（2）加强栽培管理。改良土壤，增施粪肥，合理修剪，保持树体健壮。及时中耕除草，使园内及树冠内通风透光良好，可减轻发病。

（3）药剂防治。核桃发芽前，喷一次 3~5°Be 石硫合剂，减少越冬菌源，并兼治介壳虫等其他病虫害。核桃展叶前喷 1∶0.5∶200 波尔多液，保护树体。在 5—6 月发病期选用 70%甲基托布津 1 000~1 500 倍、50%倍硫磷加抗生素 401 加尿素水（0.7∶1∶5∶1 000）、25%亚胺硫磷加 65%代森锌加尿素水（2∶2∶5∶1 000）等混合液喷雾，可达到病虫兼治，还可起到根外追肥的作用，防治效果良好，保果率可达 80%~85%。

第六章　柑橘栽培技术与病虫害防治

第一节　柑橘高效安全栽培技术

一、无病毒优良苗木繁育与应用

柑橘优良品种更新是柑橘产业健康可持续发展的重要环节，也是柑橘生产获得高产、稳产、优质、高效最重要的因素。柑橘无病毒优良苗木繁育作为柑橘品种更新的关键组成部分，学习和掌握柑橘无病毒优良苗木繁育对于农业系统行政管理人员、柑橘科研人员和柑橘良种繁育工作人员是必要的。

（一）柑橘优良品种脱毒方法

1. 热处理法

热处理是利用病毒与植物体高温耐性的差异脱除病毒的一种方式。对感染病毒的接穗材料进行加热处理，以清除其体内的病毒。处理方法有干热空气、湿热空气或热水浴等。处理温度和时间有较高温度和较短时间组合、较低温度和较长时间组合。热处理时间的长短应依不同病毒种类对高温的敏感程度而定。20世纪70年代以来，国内采用热处理和四环素浸泡接穗培育无黄龙病柑橘苗木取得成功。但是，这种技术无法消除母树已感染的裂皮类病毒等病原物。

热处理法的脱毒效果因病毒种类的不同而差异很大，研究表明，热处理脱除粒状病毒效果好，而脱除杆状和带状病毒效果差。加之有的植物不耐高温处理。目前，热处理常和组织培养脱除病毒方法相结合，用于组织培养前取材母株的预处理。

2. 组织培养法

组织培养脱毒培育无病毒苗的主要方法有茎尖培养、愈伤组织培养、珠心胚培养、茎尖微体嫁接等。

茎尖组织培养脱除病毒的确切机理目前尚未完全清楚。一般认为病毒是由维管系统向上传输，所以在尚未分化维管组织的茎尖生长点部位，病毒含量很低或没有。也有的认为病毒向上传输的速度慢，培养中生长点分生组织细胞增殖快，致使生长点区域内的细胞不含病毒。但另一方面也有生长点组织中确实存在一定数量的病毒，而经培养后才被脱除。植物的器官和组织经脱分化诱导形成愈伤组织，然后经再分化培养诱导产生小植株，也可获得无病毒苗。

珠心胚培养无病毒苗主要应用于多胚性的柑橘，因珠心胚与维管束系统无直接联系，诱导产生的植株可脱除病毒。

茎尖微体嫁接法是将实生砧木培养于试管内培养基上，再从成年品种树上取 1mm 左右大小的茎尖做接穗，嫁接在试管内的幼小砧木上以获得脱毒苗。

（二）无病毒优良苗木繁育

1. 基础设施

（1）苗圃地选择

无病毒育苗基地要求选择四周 250m 以内无柑橘树种植，相邻果园必须无柑橘黄龙病、裂皮病、碎叶病、溃疡病等检疫性、危险性病害，交通便利、水源充足，便于苗木管理与运输，周围无严重空气、水源污染，地势要开阔向阳、排水良好的平地或梯地。苗圃地活土层深度达 30cm 以上，肥沃，通透性好，土壤 pH 值 5.5~7.0。

（2）苗圃地隔离措施

无病毒育苗基地包括采穗圃、砧木育苗圃、生产苗圃等，采穗苗圃和砧木播种苗圃地应建在温室或者防虫网室中。圃地四周除有天然隔离条件外，最好应设置人工防护网。

2. 无病毒母本园的建立

母本园的建立所需要的苗木和接穗由母树脱毒单位（柑橘一级采穗圃）负责提供，入圃前需要植检机构抽样复检确认无黄龙病、裂皮病、碎叶病、溃疡病等检疫性、危险性病害。圃地使用前须使用石硫合剂进行消毒。母本园不得引入其他来源的苗木和接穗，也不再进行高接，专用于无病毒苗圃供应接穗。

3. 营养土消毒

无病毒柑橘优良苗木繁育通常采取容器育苗。柑橘容器育苗因是按照特定配方配制的腐殖质营养土，培育的苗木根系发达，定植后成活率可达 100%。营养土使用前需用福尔马林消毒。方法：每隔 40~50cm，用木棒或竹棒打 15cm 深圆孔，每个消毒孔灌福尔马林原液 2mL，然后覆土，盖膜；5d 后揭去塑料膜，翻土 3 次，加速药液挥发。

4. 砧木处理

砧木种子的选择中，宽皮柑橘、橙类选用枳壳做砧木为最优；橙类也可选用红橘、枳橙做砧木。砧木种子播种前，需要进行温汤浸种，即先置于 50℃ 热水中预浸 5~6min，然后置于 55℃ 热水中恒温处理 50min，处理时需要经常搅拌种子。处理完毕立即摊开冷却，晾干后即可播种。

播种前苗床先消毒。播种采用小方格的钢丝网格播种。每小格播种 1 粒，种子小的一端即胚根插入营养土，以压埋种料为宜，播种后，在上面撒 1cm 营养土。播种后的当天，喷 1 次透水，喷头朝上，反复多次，防止把种子冲歪。

5. 接穗采集

无病毒育苗需要建立专用采穗圃，并且采穗圃使用年限为 3 年。接穗采集后，需要进行消毒处理，具体步骤如下：首先，配置 1 000 单位/毫升盐酸四环素液浸泡处理接穗材料 2h；其次，使用农用链霉素浸泡半小时，加 1% 乙醇混合处理效果更佳；最后，用 5.25% 次氯酸钠溶液处理 1min，再立即转用清水洗净贮藏待用。

6. 嫁接苗管理

（1）嫁接前的准备

施肥：嫁接前灌施肥水 1 次，以增加砧木的营养，促进形成层尽快分裂，保证嫁接的成活率。除萌：将砧木苗地面 25cm 处的萌蘖和刺全部除去，保证嫁接时好操作，提高嫁接成活率。采接穗：采无病毒母本园专供接穗。采穗前和采穗后或嫁接前后，嫁接工具都要用 1% 次氯酸钠消毒。所采接穗必须消毒，嫁接采取每一品种接完后消毒。

（2）嫁接

三峡库区以 3—9 月嫁接成活率较高。嫁接高度为距营养土表面高 15~20cm。嫁接方法一般采用单芽腹接法。

（3）嫁接后的管理

补接、除萌、立支柱。嫁接两周后开始检查成活情况，发现接芽变褐，及时补接。砧木上萌发的砧木芽应及时除去，以促进接芽生长。接芽有时会萌发多个梢，要摘除弱梢，留下强梢。新梢长长后要及时设立支柱，以防止苗木弯曲生长及大风从接口处将新梢吹断。

肥水管理。嫁接后至春梢老熟前，一般不施肥，如苗木长势差，可适当补充速效肥或腐熟液肥。春梢停止生长时施 1 次稀水肥。谷雨前后夏梢抽生前施 1 次重肥，促进夏梢生长，最好配合一些磷肥，使须根更发达。在每一次新梢生长时，除施肥外，还应注意供水。同时苗圃切忌积水，以免烂根。

7. 苗木出圃

（1）苗木出圃标准及要求

苗木出圃标准：嫁接部位离营养土表面215cm；嫁接口上方2cm处直径0.8cm，且主干直立和光洁；苗高60cm以上，枝叶健全，叶色浓绿；根茎和主根不扭曲，主根长20cm左右，须根发达。

（2）苗木出圃要求

起苗前应充分灌水，抹去所有嫩芽，剪除幼苗基部多余分枝，喷药防治病虫害，苗木出圃时要清理并核对标签，注明品种品系和育苗单位；出圃苗木应无检疫性病虫害及柑橘裂皮病、碎叶病等；育苗单位苗木必须经种子管理站出具《柑橘苗木质量检测合格证书》后才能出圃。

（三）应用

柑橘病毒类病害是柑橘生产的潜在危害。随着柑橘产业化的进程加快，经过一定时间生产繁育后的新品种，会因病毒随柑橘接穗做繁殖材料而传递，致使病毒在营养系内逐代积累而日趋严重，逐渐丧失其优良性状。因此，建立无病毒优良苗木繁育中心，贯彻无病毒良繁体系，推广无病毒苗木，成为柑橘产业健康可持续发展的基础工作。

二、测土配方施肥

施肥是柑橘生产中的重要环节，科学施肥是获取高产优质柑橘的基础，测土配方施肥除了可以提高果品品质和产量，还可以保护和改善生态环境质量，提高我们人类健康水平。

（一）柑橘测土配方施肥的定义

柑橘测土配方施肥，就是以柑橘园土壤测试和肥料田间试验为基础，根据柑橘需肥规律、土壤供肥性能和肥料效应，在合理施用有机肥料的基础上，提出氮、磷、钾及中、微量元素等肥料的施用数量、施用时期和施用方法。

其遵循的基本原则是有机肥与化肥配合施用，各种营养元素合理搭配，增产增收与培肥改土相结合。

（二）柑橘测土配方施肥的原理和方法

柑橘园土壤养分状况与柑橘树的生长状况有着密切的关系，在土壤养分含量由不足到充足，再到过量的变化过程中，果树生长状况和产量表现出一定的变化规律，通过这一规律的研究，可以确定某一地区内的柑橘在不同土壤条件下达到一定产量时对土壤有效养分的基本要求，从而制定相应的土壤测试指标体系。在此基础上，农户就可根据土壤测试结果，判断柑橘园土壤养分的基本状况，进而依据所制定的土壤养分测试指标体系，确定并实施相应的科学施肥方案。

具体柑橘肥料配方，首先要确定氮、磷、钾养分的用量，然后确定相应的肥料组合，通过提供配方肥料或发放配方施肥建议卡，指导农民施肥。肥料用量的确定方法主要有土壤与植株测试推荐施肥方法、肥料效应函数法、土壤养分丰缺指标法和养分平衡法。

最常使用的是土壤、植株测试推荐施肥方法：该技术在综合考虑有机质、pH值等基础上，氮肥推荐根据土壤供氮状况和作物需氮量，进行实时动态监测和精确调控；磷、钾肥通过土壤测试和养分平衡进行监控；中、微量元素用因缺补缺的矫正施肥策略。

（三）柑橘测土配方施肥的一般步骤

1. 田间调查

实际施肥时，除了根据肥料试验和土壤测试结果，还需要参考采土样点的土壤性状、柑橘树的施肥水平、病虫害防治等栽培管理措施等。这就要求开展细致的田间调查。调查方法利用GPS记录该地的地理坐标，同时判断土壤类型、土壤质地、灌排能力、地形部位和土壤厚度等，确定土壤障碍因素与土壤肥力水平及柑橘树品种、树龄、产量、施肥状况、病虫害防治和灌排情况。询问陪同取样调查的村组人员和地块所属农户等，并将调查结果统计汇总作为配方设计的参考指标。

2. 柑橘园土壤采样

土壤采样：一般在开春的3月初或者秋季采收后土壤封冻前进行。这时的土壤测试值可以用来指导随后的施肥。采样的原则是随机、多点，覆盖整个柑橘园。具体方法是对于柑橘树在每一个柑橘园选取不少于10个点（以每棵树为一个点，随机选"X"形或"S"形分布于柑橘园），对每一个点取样。一般而言，在柑橘树滴水线（树冠投影线）周围30~40cm范围是根系密集分布区，也是柑橘树吸收养分的主要区域，因此土壤采样需要在该区域进行。在所选的每棵树的周围，在其滴水线内外各30~40cm圆周范围，分4个方向采集 8 个点的土样，土样采集和制备时，普通土样用土钻垂直采集，微量元素土样的采集与普通土样同步进行，采样时避免使用铁、铜等金属器具。将全园 80 个点的土样混合为 1 个，风干后送实验室测定相关土壤指标。如果需要测定深层土壤的养分，则可用同样的方法采集 30~60cm 土层土壤，土壤采样点应该与根系分布区一致。将采集来的土样装在清洁的塑料袋或布袋内，尽快送室内风干，风干后的土样及时进行粉碎、过筛，装入纸袋或玻璃瓶内干燥保存。

3. 柑橘园土样的室内化验

柑橘园土样的化验指标为酸碱度（pH 值），有机质、碱解氮、速效磷、速效钾、有效锌、有效硼、有效钼、有效铁等含量，土壤养分的测定方法，按照《土壤分析技术规范》进行。

土壤 pH 值：pH 值是影响大多数土壤养分有效性的重要因素。柑橘生长的适宜土壤 pH 值为 4.8~8.5，最适宜 pH 值为 5.5~6.5。调节柑橘的 pH 值到柑橘树生长的合适范围内是确保柑橘正常生长和养分有效性，尤其是微量元素有效性的关键。

土壤有机质：土壤有机质不仅是衡量柑橘园土壤肥力的重要指标，也是柑橘高产、优质的基础。在有机质含量低的土壤上增施有机肥，实施种草、秸秆覆盖、秸秆深埋等是改善柑橘园土壤肥力，提高养分有效性的重要措施。

土壤氮素：氮素是柑橘生长必需的营养元素，氮素不足会造成减产，但过量施用氮肥会造成柑橘树抗病虫能力下降，易感病虫害，果实着色晚等。因此，柑橘园土壤氮素营养状况的判断，一方面要考虑土壤有效氮，另一方面要考虑土壤有机质含量。在不具备对柑橘园土壤进行经常性测试的条件下，通过有机质含量来推荐氮肥的施用量在测土配方施肥中有着重要的意义。

土壤速效磷、钾：土壤速效磷、钾含量是确定柑橘园磷、钾肥施用量的重要依据。各地都有相应的柑橘园土壤肥力分级指标，可以根据不同的土壤磷、钾含量，推荐不同的施肥量。

土壤中、微量元素包括土壤有效钙、镁、硫及有效铁、锰、锌、钳、硼等。这些元素的供应不足不仅会影响柑橘的生长，而且还会对柑橘的产量和品质产生不利影响。通过多种途经改善土壤的理化性状，如增施有机肥、改变 pH 值使其维持在适宜范围之内是提高土壤中、微量元素有效性，预防中、微量元素缺乏的重要措施。

（四）不同柑橘园土壤养分测试值相应的柑橘树施肥原则确定及应用

1. 不同柑橘园土壤测试值相应磷肥和钾肥用量确定

土壤对磷、钾等元素的供应通常有很大的缓冲性，进入土壤后不像氮那样容易损失。因此，磷肥和钾肥的施用量不要求非常精确，可以根据土壤有效磷、有效钾的测定结果并考虑作物磷、钾的带走量进行施肥。

一般而言，在不同肥力土壤上磷、钾肥推荐用量范围不同，从而使磷和钾含量较低的土壤能通过施肥在保证高产的同时不断提高磷钾养分含量，而中等肥力土壤上磷和钾养分含量能够通过施肥在保证产量的条件下得以维持，在高肥力土壤上则可根据土壤测试值在一定时期内减少肥料的施用量以避免肥料浪费和不必要地增加成本。

上述磷、钾施用的原则是建立在柑橘园土壤磷、钾养分分级指标体系基础之上的。当柑橘园土壤磷、钾养分分级指标体系建立后，需要进行柑橘园土壤测试。得到测试值后，柑橘树的磷肥和钾肥施用量可参照下述原则确定。新建柑橘园应根据测试值施用相应数量的磷肥和钾肥以使耕层土壤有效磷和钾的含量达到中等水平（深施）。自结果后第3~5年测定一次柑橘园土壤养分作为磷钾肥用量的确定依据：当柑橘园土壤磷、钾肥力指标极高时，可不施用相应肥料；当柑橘园土壤磷、钾肥力指标高时，可施用相当于柑橘树吸收量50%~100%的磷和钾肥料；当柑橘园土壤磷、钾肥力指标在中等范围时，可施用相当于柑橘树吸收量100%~200%的磷和钾肥料；当柑橘园土壤磷、钾肥力指标较低时，可施用相当于柑橘树吸收量200%~300%的磷和钾肥料。

2. 不同柑橘园土壤测试值相应的氮肥用量确定原则

氮肥的施用原则不同于磷肥和钾肥。在一定地区由于土壤、气候，以及管理条件的不同，满足柑橘树生长的氮素需要量有很大差异。通过调查可知，当前我国柑橘树施肥管理上存在问题很多，这些问题主要集中在氮素营养管理上，即绝大多数柑橘园盲目和过量施用氮肥。因此，要以适产优质为目标，以氮素养分的管理为重点开展研究。土壤有效氮素含量受各种环境条件的影响而变化很大，因此只有经常性的土壤有效氮的测试值才能作为氮肥用量推荐的依据。在柑橘园养分管理中根据土壤有机质含量水平结合目标产量进行氮肥用量的推荐是一种简单易行的方法。因此，氮肥用量确定的原则要通过试验研究确定不同有机质含量的土壤上达到目标产量所应施用的氮肥最佳量。

3. 不同柑橘园土壤测试值相应的中、微量元素用量确定原则

基本原则需要结合植株诊断进行，单凭土壤测试效果不理想。如果外观诊断表明有

中、微量元素的缺乏，则应进行土壤有效养分的测试。如果土壤测试值也表明缺乏，则需要施用相应的肥料。若土壤测试值表明不缺，则有可能是其他因素造成的，需要从土壤环境如 pH 值及其他养分施用过量等因素来考虑相应的纠正方法。

4. 测土配方施肥通知单的制作与发放

根据检测结果和柑橘需肥特性，综合以往的田间试验数据和农民施肥经验确定施肥配方，并制成《测土配方施肥通知单》。《测土配方施肥通知单》的内容应包括地址、农户姓名，具体田块的海拔高度，柑橘树的品种名称、树龄，土壤名称和所测定的各种理化性状，施肥措施等内容。按肥力情况基本相当的区域制定统一的《测土配方施肥通知单》以农户为单位发放。

5. 配方肥的生产

根据配方，可与肥料生产企业合作，开展配方肥的生产。柑橘配方肥常用的基础肥料，氮肥为硫酸铵、碳酸氢铵、尿素，磷肥为过磷酸钙、钙镁磷肥，钾肥为硫酸钾，复合肥为磷酸一铵、磷酸二铵，有机肥为腐熟的农家肥和商品有机肥。为了便于精确施肥，建议用颗粒磷铵、大颗粒尿素、颗粒硫酸钾、颗粒有机肥（膨浆造粒生产的）这四种肥料作为配方肥的基础原料。

（五）柑橘施肥方式和施肥时期

柑橘产区每年追肥 4~5 次，分为萌芽肥、稳果肥、壮果肥和还阳肥等。对于尚未结果的幼树，施肥时期应重点考虑春、夏、秋树梢生长对营养的需求，但是一般 9~10 月不宜追氮肥，以防促发晚秋梢。如果计划幼树下一年开始结果，其生长后期要适当增加磷、钾肥的施用比例。

1. 土壤施肥

根据柑橘的营养特性及农民的施肥习惯，土壤施肥重点施用 2 次，一次为壮果肥，湖北省柑橘产区施肥时期为 6 月下旬—7 月上旬，用量占全年用量的 60%，肥料为腐熟的有机肥+柑橘配方肥（高氮、高钾型），或者施用中浓度有机-无机柑橘专用配方肥。另一次为还阳肥，有些柑橘产区施用时期为 10 月中旬—次年 2 月上旬（依品种特性而定），用量占全年施肥量的 40%。肥料为腐熟的有机肥+柑橘配方肥（磷含量较高型），或者低浓度有机-无机柑橘专用配方肥。土壤施肥应注意与灌水相结合，特别是干旱条件下，施肥后尽量及时灌水，以防局部土壤水溶液的肥料浓度过高而产生根系肥害，施肥后的灌水量宜小不宜大，水溶肥下渗到根系集中分布层为好。

土壤施肥的方式多种多样，常用的施肥方法有环状沟施、条状沟施、放射状沟施、全园撒施、灌溉施肥等。

2. 叶面施肥

由于柑橘挂果时间长，需要养分多，仅靠土壤施肥难以满足其生长的需要，所以通过叶面施肥是补充柑橘营养的重要措施，尤其是中、微量元素的补充容易通过叶面施肥来完成。

常量元素（大量、中量元素）和微量元素均可喷施，复合肥也可喷施。常用肥料的喷施浓度为：尿素 0.3%～0.5%，硫酸钾 0.3%～0.4%，硫酸锌 0.3%，磷酸铵 0.5%～0.8%，硫酸亚铁 0.3%，磷酸二氢钾 0.3%，硼砂 0.1%～0.3%。

根外追肥的最适宜温度为 18～25℃，以湿度较大为好，因而夏季的喷施时间最好是上午 10 点前或下午 4 点后，以防气温高，溶液浓缩快，产生肥害，影响吸收。

三、无公害椪柑栽培技术

（一）选择良种

选择适宜的品种是实现椪柑优质高效栽培的关键所在。品种的选择应当结合本地土壤、气候和立地条件进行综合考虑，选择出适宜本地栽培的优质椪柑品种。宜昌市有当阳和长阳两个椪柑生产大县，国内优良的椪柑品种在宜昌市均有栽培。

（二）高质量建园

1. 科学规划

果园规划应本着统一规划、合理布局、综合配套的原则及高标准建园的要求，修筑必要的排灌和蓄水设施，实行山、水、园、林、路等综合治理，维护生态良性循环，达到丰产稳产、优质、高效益及可持续发展的目的。

（1）道路

要因地制宜，布局合理，方便运输。主干道应贯通全园，以水泥硬化路面为最佳，保证晴雨通车。支干道与主干道相接。作业便道（人行道）与支干道相连。

（2）水利排灌系统

要求能引、能蓄、能排、能灌。山地果园根据地形和承雨面设置排洪顶沟、纵向分洪排水沟和梯内排水沟（背沟）。在果园中修建蓄水池。灌溉主管道应纵横贯穿果园，并连通各小区蓄水池；支管道沿人行道配置，并在每2~4台梯坎背沟处安装闸阀。有条件时还可采用滴灌、喷灌或使用移动式喷灌机灌溉。

2. 土壤改造

（1）平地建园

采用浅槽高垄的方法改良土壤。在抽槽前一个月须深翻耕一次，将耕作层土壤晾干耙细，并用石硫合剂对土壤进行一次消毒。槽宽100cm，深50cm。槽必须抽通，与排水沟相连。在抽槽的同时，要清理和疏通好排水沟，排水沟的深度不得小于60cm。槽中每亩均匀填放腐熟的农家肥2 000kg，枯饼100kg，磷肥100kg。回填时全部用表层肥土回填起垄。回填的苗木定植带应形成一条高50cm、宽100~150cm的永久长垄，垄壁用锹夯实。

（2）坡地建园

鼓励坡地建园时抽槽，无法抽槽时也可开挖定植穴。旱地建园抽槽深度不低于100cm，宽100cm。灌溉条件好的果园回填时也可适当起垄。旱地抽槽的时间、肥料的用量与水田相同。定植穴规格长、宽、高均为100cm，每穴用肥量为农家肥10kg，枯饼2kg，磷肥1kg。

3. 苗木准备

苗木质量要求：品种纯正、遗传性状稳定、砧穗配套、无检疫性和危险性病虫害。出圃苗木要生长健壮、枝粗、叶厚、色浓绿、有光泽，主干直立，分枝合理，根系粗壮，侧根发达。枳砧椪柑一级苗木的规格是：苗干高≥45cm，苗干粗≥0.8cm，无机械损伤，侧根数≥4条，分枝数≥3。二级苗的规格是苗干高≥35cm，苗干粗≥0.6cm，无机械损伤或损伤较轻，侧根数≥3条，分枝数≥2。推广和鼓励应用容器育苗、假植技术。经过假植的大苗要带土移栽，保证成活率。

4. 适度稀植

椪柑是直立性强的树种，密度过大容易导致徒长枝过多，破坏树冠结构。椪柑平地建园时行距至少要在5m以上，株距3~4m之间均可。

（三）整形修剪

椪柑直立性强，在整形方面很难实现开心形。椪柑小树定植的第一、二年，主要任务是扩大树冠，开张树形。有花蕾时，应全部抹除，其方法以摘心、抹芽、拉枝为主，形成一个矮干、主枝配置合理，副主枝及侧枝分布均匀的自然圆头形树冠。稳产树修剪，实行强枝短截或回缩，一般长梢只留5个芽，疏剪过密枝、交叉枝、衰退枝群、无叶花序枝，保留内膛枝（除过密枝和无叶枝外），抹去全部夏梢，适时放秋梢，保持营养枝与结果枝的比例平衡，延长结果年限。

（四）水分管理

1. 灌溉

要求灌溉水无污染，椪柑树在春梢萌动及开花期（3—5月）和果实膨大期（7—10月）对水分敏感，当田间持水量低于60%就要及时进行灌溉。春旱在花期和幼果期10d灌水1次，伏旱7d灌水1次，秋旱及时灌水，冬旱半月至一月灌水1次。灌水方式有喷灌、滴灌、沟灌、穴灌、渗灌等方式。灌溉要求水分须浸透根系分布的土层。灌溉后进行地面覆盖，以减少灌水次数，节约用水。

2. 排水

及时清淤，疏通排灌系统。多雨季节或果园积水时通过沟渠及时排水。在地势低洼的平地果园要注意深开围沟、腰沟，配置厢沟，并使三沟相通，沟沟相连，便于及时排明水、滤暗水，改善土壤的透气状况，避免积水烂根。果实成熟期雨水多要采用开沟、地膜覆盖等措施控水，以保证果实品质。

3. 控水

椪柑在成熟期要控制水分，以保证足够的含糖量。在宜昌露地栽培的椪柑，一般在10月中旬以后到果实采收前停止一切灌溉活动，地势低洼和容易积水的果园，用开沟的方法降低土壤湿度，以增加糖分积累。推广椪柑成熟期覆膜和简易避雨设施栽培。果园覆膜时间在10月中下旬，要求地面全覆盖，采果后迅速收膜灌水。

（五）土壤肥料管理

1. 施肥

椪柑全年施肥一般3~4次，催芽肥在3月上旬施用，以速效氮肥为主，约占全年用量的5%；稳果肥于5月采用叶面施肥的方法施用，以磷、钾肥及微肥为主，约占全年的10%；壮果肥在6月中下旬施用，以磷、钾肥和农家肥为主，施用柑橘专用复合肥应用硫酸钾型，占40%。还阳肥在采果后半个月施用，以速效氮肥和有机肥为主占35%。施肥量以产果100kg施纯氮0.6~0.8kg，氮、磷、钾比例以1:0.6:0.9为宜。若施有机生物肥、农家肥，全年只施2~3次，催芽肥可以不施。微量元素一般进行叶面喷施，在春梢生长期施用。

2. 土壤管理

（1）深翻改土

深翻时期以早春和 9 月进行为宜，深翻改土可逐年分期分批进行，全园深翻用 2~3 年时间完成。深翻方法一般多用壕沟式和环状式。壕沟式常适用缓坡地或梯田台面较宽、株行比较整齐的果园，第一年在行间挖深、宽各为 60~80cm 的壕沟，次年或隔一年在株间挖壕沟，回填时分层施入渣草、绿肥、栏粪等有机肥料，表土放在底层，心土放在表层。环状式适用于株行间不整齐或零星栽植的果园，深翻时在树冠滴水线下或稍向内处，向外开深 30~40cm 的环状沟，每年调换开沟位置，逐年向外扩大。深翻时应注意少伤直径 1.5cm 以上的粗根，并达到一定的深度，配合施用足够的有机肥料。

（2）种植绿肥

椪柑间作以绿肥为主，间作物以豆科植物和禾本科牧草为宜，也可选择藿香蓟、百喜草、红花草等绿肥间作，并适时刈割翻埋于土壤中或覆盖于树盘。

（3）覆盖与培土

高温或干旱季节，提倡采用麦秆、稻草、树叶等材料进行覆盖。根据材料的多少选择全园覆盖或树盘覆盖，覆盖厚度 10~20cm，覆盖物应与根颈保持 20cm 左右的距离。培土在冬季中耕松土后进行，可培入塘泥、河泥、沙土或柑橘园附近的肥沃土壤，厚度 8~10cm。

（六）控花疏果

控花疏果是椪柑优质高效的关键措施。椪柑是大果形品种，横径 75mm 左右的果实品质最佳。椪柑易成花，坐果率高，不采取控制措施很容易形成高产量低效益的局面。

1. 疏蕾疏花

多花树：结果枝占春梢总量的 70% 以上为多花树，根据树势和花质确定修剪程度。若树势旺，有叶花枝占 40% 以上的植株，疏除全部无叶花枝和单叶花序枝，保留全部有叶花枝，疏去有叶花序枝顶部和基部的花蕾，保留第二、三节上的两个壮蕾；若树势弱，无叶花枝占 80% 以上的植株，回缩 20%~30% 的衰退结果枝组（结果枝低于 8cm），促进营养生长，再将未回缩的结果枝组上的无叶花枝疏去 60%~70%。

中花树：结果枝占春梢总量的 40%~50% 为中花树，修剪宜轻。若树势强，有叶花枝占优势（达 60% 左右），将无叶花枝疏除 20%~30%；若树势弱，无叶花枝占优势的树，将无叶花枝疏除 40%~50%，或回缩 10%~15% 的结果枝组。

少花树：结果枝占春梢总量的30%以下为少花树，对少花树尽量保留全部花枝，疏除部分春梢营养枝，使营养枝与结果枝之比为6∶4或5∶5。

2. 疏果

合理疏果能有效调节挂果量，克服大小年，增加优质果率，提高果实品质。疏果在6—9月均可进行，以6月下旬效果最好，一般疏果2次。疏果量依据树冠载果量和叶片多少而定，前期叶果比控制在80∶1~100∶1，后期控制在60∶1~80∶1为好。疏果时，首先应疏去发育不良果、病虫果、畸形果、弱小果，然后疏有叶单花果、有叶花序枝的顶果和基部果。

四、脐橙栽培技术

脐橙属于芸香科柑橘属橙类中甜橙的一种，为亚热带多年生常绿果树。脐橙果顶有次生小果突出成脐状故而称为脐橙，以其无核优质而著称于世。据历史文献记载脐橙是葡萄牙人从我国传到印度西岸的果阿岛，再由果阿岛传到南美巴西，当地称西拉克它甜橙。是当前世界上广泛栽培的脐橙的原始植株。

（一）脐橙标准建园

1. 园地选择

（1）气候

年平均温度18~20℃，绝对最低温度2~3℃，1月平均温度25℃。年日照1 300h以上，210℃的年积温5 500℃以上，无霜期300天以上。空气相对湿度低于80%，年降雨量1 000~1 500mm。

（2）土壤

质地良好，疏松肥沃，pH值5.5~6.5，有机质含量1.5%以上，活土层60cm以上，地下水位1m以下。

（3）地形地势

园地海拔高度550m以下，坡度25°以内，坡度10~25°的山地，应为水平梯地。

2. 高标准定植技术

平地以抽槽为主，山坡地以挖穴为主。抽槽标准：宽100cm，深80cm。挖穴标准：宽100cm，深80cm。抽槽、挖穴的表土和底土分开堆放。梯田抽槽挖穴离石砖外沿2/5处进行。回填时每亩至少填压树枝渣草1 000kg以上，腐熟有机肥1 000kg。做到上粗下精，底层先填埋树枝渣草，再按照一层草一层肥一层土回填，下层回填表土熟土，上层回填底土生土。回填后呈拱形，隆出地面 30cm 以上。抽槽或挖穴回填半年以上待渣草腐烂和土壤熟化，然后开始定植苗木。

起挖苗木前一天浇灌苗床，起苗时尽量多带土，起挖苗木须有垂直主根长 20~30cm，侧根 4~5 条，长 20~30cm，须根越多越好。苗木打捆后用泥浆水蘸根，迅速用薄膜或湿草包装。做到当天起挖，快速运输，当天栽植。在运输的过程中要盖上油布，尽量使苗木不失水，若当天不能栽植的必须放在阴凉湿润背风的地方。

栽植时把根系铺平舒展，根系不弯曲，分布均匀，一层根一层土，扶正苗木。千万不能用生土或大土团，轻提苗木，用脚轻轻踏实土层，使根系与土壤完全接触。浇足定根水，覆上一层细土，然后盖草保墒。定植后半个月左右才能成活，成活后勤施稀薄液肥，以促使根系和新梢生长。具体是 3—8 月每月 1 次，尿素化水后和稀薄的人粪尿混施。

（二）果园管理

1. 土壤管理

生草栽培。生草栽培即在柑橘树体行间种植绿肥作物，并加以管理，使草类与果树协调共生的一种果树栽培方式。生草栽培能增加土壤覆盖度，有效地防止地表径流和雨水对土壤的冲刷，有良好的水土保持效应；同时调节果园小气候，对土壤的改良与培肥上能提高肥料的利用率，起到保肥保水保土以园养园的良好效果。夏秋季节不仅可以减少土壤蒸发，保墒保湿，还可以减少灌水次数。绿肥品种很多，有豆科作物、藿香蓟、百喜草、白三叶、紫穗槐。

覆盖与培土。高温或干旱季节，提倡采用麦秆、稻草、树叶等材料进行覆盖。根据材料的多少选择全园覆盖或树盘覆盖，覆盖厚度 10~20cm，覆盖物应与根颈保持 20cm 左右的距离。培土在冬季中耕松土后进行，可培入塘泥、河泥、沙土或脐橙园附近的肥沃土壤，厚度 8~10cm。

免耕与中耕。土层深厚肥沃、产量稳中有升的脐橙园，可以长期免耕。土壤板结后，产量下降，应及时进行中耕，深施有机肥，促发新根，诱根深扎。时间一般在采果前后，10—11 月进行，可断根促花，又有利于伤口愈合，根系恢复。一般视土壤板结程度，3~5 年进行 1 次，年年中耕并不必要，不仅会大量伤害根系，降低产量，而且还会增加劳力成本。

2. 施肥管理

（1）施肥时间

①幼年树的施肥时期。未进入结果的脐橙幼树，施肥的目的在于促进枝梢生长，培养坚实的枝干和良好的骨架枝，迅速扩大树冠，为早结果、早丰产打下基础。所以，脐橙幼树的施肥应以氮肥为主，配合施磷钾肥。施肥重点是攻春、夏、秋梢，使其抽生整齐，生长健壮。施肥次数依土壤条件和幼树生长强弱而定。因幼树根系生长范围小，吸肥力弱，施肥宜少量多施，勤施薄施，一般在每次梢发芽前 7~8d 各施 1 次催梢肥，在顶芽自枯至新梢转绿时再施 1 次壮梢肥。

②成年结果树的施肥时期。成年结果树施肥，一般根据抽梢、开花和结果等物候期而定，常施催芽肥、稳果肥、壮果肥和采果肥，1 年施 4 次左右。催芽肥：在春梢发芽前 10~15d 施入，以速效性氮肥为主，目的是促使春梢整齐健壮生长，为翌年提供充实的结果母枝。稳果肥：由于脐橙抽发春梢、开花谢花和第一次生理落果等消耗了大量养分，如不加以补充会加剧第二次生理落果，故在 5 月中下旬施 1 次以速效氮为主，结合速效磷肥的稳果肥。壮果肥：目的是壮果，在稳果后至秋梢发生前施入，肥料以优质粪肥和腐熟饼肥为主，磷钾肥配合。采果肥：在果实采收前后施用，以促进树势恢复、花芽分化和增强越冬能力。肥料可用堆肥、厩肥等有机肥，迟效和速效结合。

（2）施肥方法

土壤施肥既要有利于根系吸收，还要防止根系受到肥害，因此要因树、因肥、因地制宜。坚持春夏浅施，秋冬深施；化学肥、无机氮肥、磷肥浅施，钾肥、有机肥深施；磷肥最好与有机肥混合施效果好。施肥方法主要有：环状沟施肥法，适用于幼树，省肥易行，但伤根多，沿滴水线下开沟深宽各 30cm；条状沟施肥法，适用于成年果园，即在行间和株间开条状沟施肥，深宽各 30cm，分年轮换开沟；放射沟施肥法，适用于成年果园，伤根少，在树盘内距主干 30cm 处挖 4 条放射沟，沟宽 30cm，靠近主干浅，向外渐深，隔年或隔次换位，扩大施肥面积，同时兼顾几株；穴状施肥法，此法简单，伤根少，适用于肥料化水后采用，即在树冠滴水线外均匀地挖 4 个穴，深宽各 30cm，把肥料施入，下渗后覆土。

叶面施肥，又称根外追肥。它是把营养物质配成一定浓度的溶液，喷到叶片、嫩枝及果实上，15~20min 后，即可被植物吸收利用。这种施肥方法简单易行，用肥量少，肥料利用率高，发挥肥效快，而且可避免某些元素在土壤中的化学或生物固定作用。脐橙的保花保果、微量元素缺乏症的矫治、树势太弱等，都可以采用根外追肥，以补充根系吸肥的不足。但根外追肥不能代替土壤施肥。两者各具特点，互为补充。

（3）水分管理

脐橙萌芽、展叶、抽梢，对水分的需求量较大，缺水会抑制生长，因此干旱要及时灌溉；脐橙冬季控水可促进花芽分化，但过于干旱易发生冻害；花期控水，开花期集中，有利于授粉和坐果，而如果花期雨水过多不利于授粉，极易产生沤花现象，同时下雨会冲淡柱头表面的黏液，授粉受精困难；果实膨大期必须有足够的水分，以保证果实生长对水分的需要；果实成熟期适当干旱，果实糖分高，风味好，香气足，果皮着色好，耐贮，若水分过多，则着色差，风味淡，易感病，不耐贮。

（4）整形修剪

脐橙可分为冬春修剪、夏季修剪和花期复剪，以冬春修剪为主。整形修剪方法主要有短剪、疏剪、回缩、抹芽与放梢、摘心、缓放和环割。

①短剪。短剪云称短截，即剪去1年生枝的一部分，保留原枝一部分的修剪方法（多年生枝也有短截的）。短剪的目的是刺激剪口下的芽萌发，以抽生出健壮的新梢，使树体生长健壮，结果正常。

②疏剪。疏剪指从枝条基部剪除的修剪方法。疏剪可刺激留下的枝梢加粗、加长生长，改善通风透光条件，增强光合作用，利于花芽分化，有提高坐果率和增进果实品质的作用。疏剪一般剪去病虫枝、干枯枝、交叉枝、衰弱枝和不能利用的徒长枝等，对密生的丛生枝，去弱留强。

③回缩。回缩是从分枝处剪除多年生枝。回缩常用于大枝顶端衰退或树冠外密内空的成年树或衰老树，以更新树冠大枝。通过回缩，达到改善树冠内部光照、促进树势的目的。

④抹芽与放梢。抹芽在夏、秋梢长至1~2cm长时进行，将不需要的嫩芽抹除称抹芽。放梢是与抹芽相对而言，即经多次抹芽后不再抹芽，让众多的芽同时抽发，称放梢。脐橙的芽是复芽，零星早抽的芽抹除后会刺激副芽和附近其他芽萌发，抽生较多的新梢，要反复抹除多次，直到要求放梢的时间停止。抹芽放梢对脐橙结果树常用于去除夏梢，以避免夏梢与幼果争夺养分而出现的大量落果；抹芽放梢也用于避开潜叶蛾的高峰期，减轻其对脐橙的为害；在晚秋梢有冻害的地区，也用于防止晚秋梢的抽生。

⑤摘心。摘心也是一种短剪，有利于枝梢加粗生长和营养积累，使枝梢生长充实。当新梢长到一定长度，未木质化以前，用手摘去嫩梢顶部称摘心。摘心的目的因时期而有不同，例如，7月上旬对脐橙幼树的夏梢主枝延长枝和旺长枝、徒长枝摘心，是为了促进分枝抽发，增加分枝级数，加速树冠的形成；10月初对长梢摘心，是为了促进枝梢的生长充实，有利于花芽分化。

⑥缓放。对脐橙1年生枝不加任何修剪，任其生长，直至最后开花结果称缓放。脐橙是用1年生枝作为主要的结果母枝，且花芽都在枝梢先端，因此，春季对无特殊用途的枝条一般不短剪，让其开花结果。

⑦环割。将枝干的韧皮部用锋利的小刀割断，深达木质部，但不伤及木质部称环割。其作用是阻碍韧皮部的输导作用，阻止养分向下运输，以增加环割以上部位碳水化合物的积累。

（5）花果管理

①花期管理

花期管理主要包括疏花与保花。疏花应该是疏得越早效果越好，以减少养分的消耗。疏花应根据树势强弱、花量多少确定疏花的程度，尽量使营养枝与结果枝的比例为5∶5左右。疏花后的工作就是保花，主要是花期病虫害的防治与施肥管理。一是防治花蕾蛆，在4月上旬花蕾蛆羽化出土时地面撒石灰，在现蕾时用晶体敌百虫800~1 000倍喷雾；二是蕾期喷硼，0.1%~0.2%的硼砂液加0.3%尿素进行叶面喷施，连续2次，可以促使花器官发育，花粉管伸长，授粉受精良好。

②坐果期管理

a. 保果措施

一是施肥保果。氮、磷、钾、硼等元素对脐橙坐果率提高促进很大。应在开花坐果期喷施叶面肥0.1%~0.2%的硼酸和0.2%~0.3%的磷酸二氢钾，喷施次数根据树势和花量确定。

二是生长调节剂保果。在脐橙谢花期，喷布激素来调节，控制果实的生长发育达到保果的目的，如云苔素（油菜素内酯）、赤霉素（GAs）、细胞激动素（BA）等。

三是控制果梢矛盾。在第二次生理落果期5月底，要控制氮肥施用，避免大量抽发夏梢，应在夏梢抽发期5—7月，每隔5d及时抹除夏梢有利保果，也可用15%的多效唑1 000倍液于夏梢长2cm时树冠喷雾控制夏梢生长。

四是防治病虫保果。脐橙果实生长发育过程中有不少病虫害会导致落果，如炭疽病、红、黄蜘蛛、锈壁虱、介壳虫、椿象、吸果夜蛾等。防病措施采取以预防为主、综合防治的法则，重点搞好冬季清园，虫害防治上使用"四挂"防虫技术（即挂杀虫灯、黄板、诱饵罐瓶、扑食螨），并配合使用植物源、矿物源农药，如果圣、印楝素、石硫合剂、BT等。

b. 疏果

疏果是提高果实优质率，克服柑橘大小年的主要技术措施。疏果时间主要是第二次生理落果结束后进行。疏果应疏去畸形果、病虫果、过密果、果皮缺陷果和机械损伤果等。

疏果量应根据叶片数量来确定：叶果比为 100：1 时，果实膨大良好；叶果比为 80：1 时，果实适中，翌年的花芽率最高；叶果比为 60：1 时，产量最高。叶果比应控制掌握在 60：1~80：1 为宜。一般可疏去总果量的 10%，坐果量大、密生果多的多疏，相反则少疏或不疏。

五、无公害夏橙栽培技术

（一）园地选择及建园

发展夏橙一定要适地适栽。夏橙的适应范围较广，南北纬 19~40° 范围内均有栽培。只要没有常发性或周期间距较短的冬季低温霜冻区域均可栽培。其生长和品质好坏主要受热量和水分条件影响。柑橘生长的温度是 12.5~37℃。最适温度 23~24℃。12.5℃ 以上开始萌芽，当温度达到 37~39℃ 或以上时生长受到抑制。夏橙生长所需的温度偏高，其花期与气温，生长量与热量、光照，品质与积温，果色与温差在生长条件范围内成正相关。果实返青与气温、积温成负相关。气温 20~23℃ 果实着色，24℃ 以上开始返青，积温越高，返青越早。

1. 园地的选择

湖北兴山属柑橘栽培的北缘地带，高纬度，利用独特的山区小气候栽培夏橙获得成功。根据其他产区夏橙栽培成功的经验，结合三峡地区的特点，在夏橙建园选址时考虑的主要因素是有效活动积温，绝对最低气温，风向、光照、水源、地貌、土壤等。

（1）有效活动积温

夏橙生长最适宜的 ≥10℃ 的年活动积温（一年中植物需要温度达到一定值时才能够开始生长发育）为 6 500~7 500℃，6 000℃ 为夏橙安全越冬的最低年活动积温，5 400~5 700℃ 年活动积温的地区越冬要采取保果防寒措施（如兴山），5 400℃ 以下年活动积温的地区主要是冻害问题的防治。因此，种植夏橙的园地应选择在 ≥10℃ 的年活动积温 5 400℃ 以上。山区选择海拔 400m 以下种植，充分利用 200~300m 的逆温层带，同时尽量选择小区气候，避免在冲槽形的山口和谷底栽培。

（2）绝对最低气温

夏橙生长适宜的年平均气温在 17.5℃ 以上，临界低温为 -3℃（持续时间短），冬季低温会造成夏橙落果严重，绝对低温低于 -5℃ 时，果实受冻害，严重枯水，失去经济食用价值。

（3）风向、光照

选择光照充足、朝阳的地方建园，避开北风口，并在果园周围建防护林带。

（4）水源

夏橙性喜温暖多湿，若水分不足，生长势差，且会出现叶片卷曲、掉落、落花落果现象，严重的植株死亡。因此，尽量选择水源充足且方便，靠近库区、水池、湖泊、河流的地方建园。

（5）地貌土壤

选择交通便利、背风向阳、土层深厚、疏松肥沃的缓坡地建园，平地要起大垄栽培。土壤以紫色土、沙壤土为好，黏性土壤要注意土壤改良和排水。

2. 建园

根据适地适栽的要求，选择好园地以后，做好园田规划。规划包括建园标准、品种（品系）确定、水利排灌、道路（公路、人行道）、防护林及园区与周边自然环境的协调等。建园标准以资金实力和自然条件为主，在条件允许的情况下，坡地可规划建设为3.5~5m的等高梯田，并配套滴灌或低位喷灌。一般情况下，果农建园可考虑既要降低成本，又要保证果园质量。在坡地建园可选择横向等高定点或纵向垂直定点，一般平地株、行距4m×4m，亩栽45株；坡地4m×5m，亩栽50株。株、行距确定后，采用"方格网"放线定点，根据定点线路抽槽或挖穴。抽槽（挖穴）时下挖40~50cm深，压埋绿肥、杂草等有机物，每亩4 000kg左右，加磷肥100-120kg，饼肥150~200kg，回填到与地面等高后每个定植点放1.5kg有机生物肥加0.25kg复合肥与熟土混合，然后用定植点大行间的表土起垄到距地平40~50cm高，地表播种豆科绿肥，待6个月后土壤沉实熟化，有机质腐熟期的高熟能过后定植。

（二）苗木栽植

1. 苗木选择

确定品种（品系）后，用枳壳（或枳橙）做砧木，然后选择无病毒和其他病虫害的容器大苗定植。标准为：品种纯正，无病毒，苗高100cm以上，距地面10cm处直径2cm，3个以上分枝，末级梢30个以上。容器大苗具有以下优点：①无缓苗期或缓苗期很短，栽植一年后即可挂果投产；②苗木集中管理，生长健壮一致，病虫害少；③因容器大苗移栽时可带土移栽且自带营养土多，可提供大量菌根，为柑橘生长提供了良好的土壤环境，成活率高；④四季均可定植，突破了定植年限。

2. 定植时期

三峡河谷地带的适宜定植期为春种2月中旬至3月底，一般萌动后，抽梢前种植较佳；秋冬可从 9 月下旬至 10 月中旬定植；采用容器大苗也可周年定植，只要水源方便，注意保湿。

3. 定植方法

采用抬高定植，将苗木定植在高于定植点的地平面。即以定植点为中心，将周围的活土层集中拢起，做定植台，将苗木栽植于定植台上。定植台一般高出地平 40~50cm，直径 1m 以上，苗木根颈平于定植台顶部。当定植台塌陷时要及时培土抬高，以达到抬高定植的定植台标准。此方法有利于根系生长发育和管理，不易积水，能有效提高产量和质量。

（三）夏橙管理

1. 幼树管理

幼树以营养生长为主，通过加强土肥水管理迅速培育成结构合理、层次分明、枝繁叶茂的树形。栽培 2~3 年，达到冠幅 1m 以上，末级梢 300 条以上的丰产树形。大量试验证明，夏橙修剪成自然开心形，可使树冠矮化，达到早结、丰产的目的。夏橙种植 1 年进行定干，主干高 25~30cm，培养 3~4 条不同方向、分枝角度呈 40~50° 向上斜生的健壮枝条作为主枝，主枝间距 20~40cm，每个主枝上培育 2~4 个分布均匀，长势一致的副主枝。

（1）幼树修剪

苗木定植 2 年内，只须主秆除萌和控梢摘心，培养早结、丰产树形。按需要分布枝组和枝条，其余抹除；按枝条所需长度适时摘心，以促进枝条长粗和分枝，同时摘除花果。定植第三年开始修剪，修剪时尽量轻剪和避免大量短截，缓和生长势，提早结果。疏删扰乱树形的直立枝、病虫枝、密集枝，注意不留桩，培养骨干枝群，新梢以摘心抹芽为主。春梢一般每个枝条上保留 2~3 条，长度 15~20cm，疏除过密春梢和多余春梢，春梢可自剪，一般无须摘心。5 月至 6 月上旬放一次夏梢，以扩大树冠，当夏梢长 13~17cm 时摘心或短截，每枝保留 2~3 条。秋梢掌握去零留整，每枝 2~3 条。

（2）幼树施肥

土壤施肥：主要施催芽肥，在春梢和夏梢萌动前施，在距离树干 20~30cm 沟施，株施腐熟的人畜粪兑水 10g 或者 30~50g 尿素兑 6~7.5kg 水淋施。定植第二年秋季可适量增施磷、钾肥和有机肥，为第三年结果打基础。

叶面施肥：在新梢转绿前，用 0.3% 的磷酸二氢钾加 0.3%~0.5% 的尿素溶液进行叶面喷施，每年 2~3 次。

定植第三年开始，2 月中旬，株施尿素 0.1~0.5kg 或腐熟的人畜粪尿 2.5~5kg。5 月中下旬，株施尿素 0.25kg，兑水沟施。10 月上中旬株施腐熟栏肥 10~15kg 或饼肥 1~1.5kg。

幼树在土壤施肥的同时，每年在生长季节（新梢、幼果期）进行叶面施肥 2~3 次。

（3）果园间作

果园中可适当间作豆科等绿肥，在冬夏二季播种，秋季结合土壤施肥深翻扩槽，翻压绿肥，每次株压 10~25kg，以利改良土壤结构，增加有机质含量。但禁止间作玉米、小麦高秆作物和红苕、南瓜等藤本作物，以免影响柑橘树正常生长和发生共同的病虫害。

（4）防治病虫害

幼树病虫害主要以树脂病、脂点网斑病、蚜虫、凤蝶、象甲、红黄蜘蛛等为主。防治可通过果园合理间作绿肥、增施有机肥等措施来改善生长环境，增强树势，提高抗逆性；也可通过用频振式害虫诱杀灯、害虫诱杀板，饲养捕食螨等措施进行物理和生物防治。对于蚧类、螨类等移动性差、繁殖代数较多的害虫，要做好虫情观测，掌握防治时期，同时搞好清园消毒，控制越冬病虫害的基数。

（5）防旱排涝

夏季连续 7~10d，春秋冬连续 15~20d 无雨，应进行浅沟灌水，可用人畜粪水掺施，有条件的运用好灌溉设备，及时抗旱。同时，进行树盘或果带覆盖杂草，厚度 20cm 左右。

连阴雨季节，修理排水沟，及时疏通渠道排水，防治积水造成病害和死树。

2. 初结果树管理

初结果树的修剪，应以适当控制营养生长，促进生殖生长为原则，达到扩大树冠及绿叶层，适量开花结果，实现高产、优质的目的。早期结果枝主要是中下部春梢中有叶花枝，因此要疏除纤弱的无叶花枝和质量差的有叶花枝，并注意疏除平行枝、重叠枝、下垂枝。夏橙结果时要及时抹除夏梢，有利果实的正常生长，防止生理落果。一般 5~7d 抹 1 次，直到吐放秋梢为止。健壮的秋梢是夏橙良好的结果母枝，因此要在 7 月上旬进行夏剪，对春梢强壮者打顶，对春梢纤细者短截，以促发秋梢。秋梢萌发后应疏除过密枝梢，以培育结果母枝。

3. 结果树管理

（1）结果树修剪

结果树修剪主要掌握通过整形修剪，达到内膛不空、冠脚不虚、树周不挤、通风透光、立体结果的目的。夏橙的坐果及产量与叶片的光合效率有密切关系。光照辐射强度过大和无效光区内的阴生叶区对生长结果都不利。因此，采取合理的修剪方法，降低顶部的光照强度，改善树冠内部的光照条件，有效提高产量和质量。

①春季修剪

春剪在春芽萌动前后，或气温稳定通过 12℃以上时进行。主要是剪除枯枝、病虫枝，对衰弱枝进行回缩，更新枝组，促发壮梢，增强树势。为了改善通风透光性条件，保证内膛果质量，可将相对衰弱、无果实或果实较次的大枝进行疏剪。除郁闭严重的密植园外，正常修剪不超过总量的 20%。

春季修剪可延续至花期，在整个花期均可进行，疏剪无叶花枝和过多花枝，短截衰退花枝和衰退枝组。在培养结果枝与营养枝的比例时，注意夏橙比其他中熟甜橙适当多留 1/5~1/10 的营养枝，以保证夏橙越冬果实与翌年开花结果时形成的花果同枝所需。

②夏季修剪

夏橙的夏剪于 6 月上旬至 7 月上中旬进行，结合果实采收剪除成熟果的结果枝或结果枝组，抹除夏梢、短截或疏除当年的落花落果枝，剪除因多次反复抹夏梢后形成的瘤状枝节或丛芽。于 7 月 20 日至 8 月 5 日留放早秋梢，修剪量控制在总枝量的 15%以内。

③秋季修剪

由于夏橙秋冬不采收，挂果越冬，因此秋冬季除疏、控晚秋梢，剪除残枝败叶和病虫枝外，尽量不采取大量修剪、枝组过密、影响透光的树，可适当通过大枝修剪，去除 1~2 个大枝，其他枝叶尽量保护，以利护果越冬。如遇动大枝，须保护伤口，以防冻害。

（2）结果树施肥

成龄后的夏橙园，对土壤环境要求更高，保持园内常年间作绿肥，以百喜草、白三叶、紫穗槐或豆科矮秆作物为主，用于果园地面覆盖，抽槽压青以增加有机质，改良土壤。土壤施肥由原来的一年 4 次改为一年 2 次。

①促梢肥

促梢肥的主要目的是尽快恢复采收后的树势和促进抽发优质早秋梢。

a. 施肥总量：占全年总施肥量的 60%。

b. 施肥时间：7 月上旬。如 7 月少雨的区域，有机肥可提前至 6 月下旬施用。

c. 每株用量：根据冠幅大小及挂果量的多少，株施腐熟饼肥 2~5kg 或人粪尿 25~50kg，加尿素 1~1.5kg，磷肥 1~1.5kg，硫酸钾 1.5~2kg；或施有机肥加优质复合肥 2~3kg，或有机生物肥 2.5~3kg。

②基肥

基肥主要是为了提高夏橙越冬的热量和满足花芽分化的需要。

a. 施肥总量：占全年总施肥量的 30%。

b. 施肥时间：10月中下旬。

c. 每株用量：施腐熟栏肥20~50kg，或土杂肥50~80kg加尿素0.5~1kg，或有机生物肥2~2.5kg。

在上述两次土壤施肥的基础上，春季萌芽前可针对树势偏弱的树进行补肥，以速效肥为主。

③叶面施肥。

a. 施肥总量：占全年总用量10%。

b. 施肥时间：盛花期以外的生长季节喷施，尤其是春梢和早秋梢转绿前，幼果生长期。3—8月间3~4次。果实越冬前结合保果保叶和果实采收后恢复树势各喷一次。

c. 用法及用量：一般生长季节用0.3%~0.5%尿素加0.3%磷酸二氢钾混合液。春梢抽发期加0.1%的硫酸锌溶液。初花期、末花期加0.1%的硼肥溶液。越冬前，采果后加10ppm的2,4-D溶液保果保叶。也可使用专用叶面肥。

④施肥方法

a. 选用优质有机肥和化肥，有机肥一定要经过腐熟。

b. 施肥深度：壮果肥30cm以上；基肥40cm以上，槽宽30~50cm，槽长因树因地而宜。

c. 施肥距离：沿树冠滴水线向外扩槽施肥。槽内须根尽量少伤，大根靠槽内壁切断，切面光滑整齐，直径3cm以上的断根伤口注意涂保护剂。

d. 施肥后若遇干旱，须及时灌水抗旱。

（3）病虫害防治

成年结果树以生产安全优质的产品和改善生态环境为目的，因此病虫害的防治要以综合防治为手段，依据科学预测预报，准确把握最佳防治时间，挑治与普治相结合，充分利用农业、生物、物理等措施防治病虫害。严禁使用高毒、高残留的化学农药。

（4）花果管理

夏橙花量大，落花落果也严重，通过保花保果提高产量、质量的潜力很大，结合科学肥水管理和综合病虫防治，推行疏花疏果和调控梢果，从而达到保花保果、稳产优质的目的。

①疏花保花

以保花为目的，掌握花多时疏花，花少时疏梢，结果枝与营养枝控制在1∶2左右；以花期修剪为主，剪去无叶花枝和无叶花序枝，疏除过多花枝，短截衰退花枝，以达到减少养分消耗、保证留树花质的目的；花期修剪前后，或花瓣散开前和花落3/4时，进行1~2次叶面喷肥保花保幼果；注意病虫害的防治，如花蕾蛆、恶性叶虫、射虫等。

②疏果保果

a. 疏果条件

在按时、保质、足量施肥和灌溉的基础上疏果；重点针对挂果偏多、树势较弱的树疏果；梢量过多的树疏梢保果。

b. 疏果时间

为了减少树体养分消耗和保证预留果实的数量和质量，疏果可分两轮进行。第一次生理落果结束后（约5月下旬至6月上旬）进行第一轮疏果，结合采收成熟果，以剪代疏，疏除应疏果总量的20%；第二次生理落果结束后（约6月下旬至7月上旬）结合夏季修剪进行定量疏果。

c. 疏果方法

根据树冠大小和叶片多少，确定保果量，比预计保留果数多20%留果，以备自然落果和不可预见的损失，其余疏除。疏果工具最好用果剪或手工，以免碰伤保留幼果，疏果对象掌握疏除小果、畸形果、伤果、病虫果和过多的果实。

（四）高接换种

一般情况下，夏橙的种植方法主要是嫁接苗木，在树龄老化，需要更新时，也可以砍去老树，重新定植。只有在新引进品种，需要尽快观测在本区域栽培表现情况、更换品种或提纯品种时，才应用高接换种。

1. 高接换种条件

（1）中间砧的选择

高接换种的对象，也就是原有果园（树）的中间砧品种与高接品种亲和力较强。比如，伏令夏橙、奥林达夏橙在枳壳做基砧，温州蜜柑、锦橙、其他夏橙等品种做中间砧的植株上高接表现较好，而在柚做中间砧上高接表现较差。

（2）中间砧的树龄

选择高接换种的果园，中间砧的树龄应在15年以下。

（3）植株健康

需要进行高接的植株和准备嫁接的接穗必须健康，凡被病虫害侵染，尤其是被侵染性病虫害侵染为害的果园或植株，如裂皮病、树脂病、脚腐病等病害和天牛、吉丁虫等害虫侵染和为害，不可高接和采穗。

（4）高接品种的区域性

高接的品种须根据统一的区域规划，与本区域的品种布局统一。

2. 高接换种的方法

柑橘高接换种是以优换劣，以新换老，提纯选优的一种技术。当原有果园需要淘汰品种或品种混杂时，可以采用高接的办法更换优良品种；当引进良种进行区域栽培试验时，为了尽早观察效果，可将良种接穗高接在相适应的大树上；当选优单株需要加速繁殖时，可高接在健康的大树上繁殖接穗。

（1）高接换种方法

①品种选择

高接换种首先要注意被换品种，包括基砧和中间砧品种和准备嫁接的优良品种之间的亲和力。在实践中证明，用枳壳做基砧锦橙和温州蜜柑做中间砧的植株高接夏橙各品系均表现较好，伏令夏橙高换卡特、红夏橙、奥林达等表现较好。如用柚高接夏橙各品系则不太适应。

②树龄选择

被换品种的树龄应在 15 年生以下，最好 10 年生以下的健康植株。

③接穗选择

确定的优良品种接穗采集应在专业良种繁育采穗圃中采集，如须在大田采穗圃中采接穗，应注意被采植株必须无侵染性病虫害，生长健壮，枝条充实，芽眼饱满，品种优良特征明显。接穗应采集树冠外围中上部的健壮春梢或早秋梢。

④高接时期和方法

高接换种时间和方法基本与苗圃嫁接相同，秋季（8—9 月）是夏橙最适宜季节，可用单芽切接法，亦可在夏橙采收后用腹接法嫁接。对被嫁接的树在嫁接前进行一次整形修剪，剪去下垂枝、枯枝、病虫枝，疏除过密枝、平行枝。根据树冠大小，留下部分枝条短截至内膛，短截时保留部分小侧枝，以做嫁接树的辅养枝和"养根枝"。保留 5~8 个不同方位、不同高度的直立枝、斜生枝和侧枝用于高接。一般接芽不嫁接在主秆上，而嫁接于距地面高 0.5~1m 范围内的侧枝上，且以粗壮嫩绿为好。

嫁接时切口要削平、削直、削光滑，不要削得过深，可掌握削至形成层，略伤木质部。接芽与砧木的形成层相对，如果出现砧、穗切口大小不一，也必须将一边的形成层对准。嫁接后用嫁接膜封扎接口。

（2）嫁接后的管理

①检查成活状况。高接后 15d 左右进行检查，如接芽浓绿新鲜，包膜内有雾状，则表明接芽成活。如接芽已变黑枯死，即进行补接。

②按芽补接。检查成活后，对成活芽数不够，不能更新树冠的整个树体或主枝进行补接。补接时，采用当年成熟春梢。

③破膜断头。解膜时间根据嫁接季节不同、方法不同而不同。春夏季腹接在 25~30d 破膜断头，如辅养枝少，可分二次断头，先距接芽上的小侧枝处断掉，待接芽抽梢叶片转绿时再断到位。秋季芽接可待第二年春季萌芽时，距接口上方 3 厘米处截断，并对伤口涂保护剂进行保护，也可先挑膜露芽，10d 以后再断头。

④抹芽、摘心、护干。接芽抽梢期间，随时抹除砧木上的萌蘖，当接芽萌发至10cm时第一次摘心，促发分枝，再长至 25~30cm 时再次摘心，多次重复摘心形成枝组。若接芽出现双梢时，留强壮直立的一个，除去另一个。对主秆和侧枝进行刷白，防止日灼。

⑤防治病虫害。高接树新梢抽生旺盛，食叶害虫易发生，随时注意检查，防止橘蚜、凤蝶、卷叶蛾、红黄蜘蛛、潜叶甲、象甲等害虫害。

⑥加强肥水管理。一般高接树在高接前应施足有机肥，高接后注意每次新梢抽发前追施速效肥一次，新梢转绿后结合防治病虫害进行叶面施肥。同时注意排水、培土、树冠覆盖，保持土壤深、松、肥、润的状态，改善根系生长环境，促使枝冠生长健壮。

3. 高接换种应注意的问题

（1）选择树龄较小、长势健壮的柑橘树进行高接。

（2）对同一株树最好分两次高接，春、夏用切接或复接高接一部分，其余作为辅养枝暂留，待新梢长成熟后，再用腹接法高接补齐。

（3）高接枝条之间要注意保留充足的空间和距离，以利通风透光。

（4）在同一株树上，避免多次重复高接，以免树体速衰而缩短经济寿命。

（五）夏橙越冬护理

夏橙果实需要挂树过冬，冬季低温会造成夏橙落果和枯水等问题，因此夏橙越冬护理相当重要。

夏橙处于持续低温10℃以下会大量落果，因此一般年份，1—2 月是夏橙的落果高峰期。气温12℃时，树体相对休眠，易使果蒂产生离层而脱落，气温越低落果越严重。-3℃时果实冻伤，到第二年春季，冻伤的果实干缩而脱落，即便不脱落，也无食用价值。所以，在夏橙栽培管理中，克服"干、酸、落"的问题，防止返青的问题，是栽培中的最大障碍，因此，安全越冬是一个重要的管理环节。

1. 施加强肥水管理

在立秋前后，施一次重肥，促进果实膨大及增加树体营养，以速效肥和有机肥为主，混合施放。秋末冬初，再施一次越冬肥，以施热性较高的有机肥、长效肥，加施磷、钾肥和粪水为主，减少冬春施肥量。同时，寒潮来临前果园灌足水，防止土壤结冰。

2. 加强树体、土壤保温

首先，在寒潮来临前，对树干喷布或涂抹防寒剂或生长素等；其次，对树冠滴水线范围内覆盖薄膜或稻草等御寒物；最后，在寒潮和霜冻来临时，在果园内燃放几堆火，增加果园上空的烟雾，以防冬季落果。

3. 药剂保果

药剂主要是 2,4-D。夏橙结果园 11 月初、12 月初、1 月初各喷 1 次 20ppm 的 2,4-D。注意天气预报，在第一次寒潮来临前 10d 左右喷布，连续 3 次。一般第一次在 11 月上旬，第二次 11 月下旬至 12 月中下旬，第三次翌年 1 月上旬至 2 月上旬。尤其是第一次，十分关键。

4. 避免滥用农药

冬季清园时不宜使用碱性农药（石硫合剂、松碱合剂等）。

5. 确保透光性

秋末修剪时，适当去除过密的大枝，调整叶幕层的分布，增强树体内膛的透光性。

第二节　柑橘高效安全病虫害防治技术

一、柑橘病虫害防治原则

柑橘高效安全病虫防治技术，是柑橘栽培上不可缺少的组成部分；是柑橘果实正常成熟、品质的关键保障；是人民采用化学、物理、生物、农业等措施，达到控制或减少生物对柑橘树体、枝、叶、花、果等造成损伤为目的；是确保柑橘产品降低有害物质的残留的栽培方法。

柑橘病虫害防治原则：一是安全为先，在生产中最先应考虑的是人的安全、食品的安全；二是环保理念，在生产上，树立以保护环境为前提，不能以破坏环境为代价来获取利益；三是以生态平衡为准则。生产中以防为主，综合防治，以农业防治、物理防治为基础，充分利用生物防治技术，按照病虫害的发生规律或经济阈值，科学使用化学防治，在防治中将各种防治方法协调一致，各种方法相互补充或促进，达到控制有害生物数量，使之降低或维持在不致引起经济损失的水平。

二、柑橘病虫害物理防治

柑橘病虫物理防治技术是人民利用柑橘害虫对光、化学物质等方法。在生产上主要有灯光诱杀、化学引诱防治、色引诱防治。

（一）灯光诱杀

灯光诱杀是利用害虫对光的某一频率的趋性，将这一波段用灯的形式形成光源置于橘园内，诱杀害虫。一般在生物活动中应用（3~10月），杀虫灯悬挂于害虫出现频率较高的地方，如山林边等，悬挂高度高于树冠0.5~0.8m，防治区域内能见光源。一般山地30~50亩、平地20~30亩悬挂一盏灯。灯光诱杀一般对鳞翅目、半翅目、鞘翅目等害虫有效，在置放过程中一定要经常清理害虫尸体，害虫尸体可做鱼、鸡等的饲料。

灯光诱杀现已形成产业，佳多牌、天意牌等杀虫灯应用较为广泛。注意事项是现在频振式杀虫灯有用220伏交流电源，有用太阳能做电源，在生产上建议采用太阳能电源为主，用220伏交流电源的成本将会大大增加，更重要的是不安全。

（二）化学引诱防治

利用生物对某一化学物质的特殊趋性来控制这种生物的方法，其主要有食物、性制剂等。在生产中主要是将这些特殊的物质混在杀虫剂（生物制剂如BT等）、黏合剂中，让害虫食用后中毒死亡或受味引诱而被粘住致死。这种方法主要以大实蝇防治为例，食物制剂主要是在实蝇类害虫产卵前5~7d内（大实蝇一般在6月上中旬），利用其取食特性，在橘园内点喷，一般每亩点喷10~15个点，每个点1个m²，均匀喷在实蝇成虫喜欢活动的区域（中上部），间隔7~10d喷一次，严重区域喷3~4次，一般区域喷2~3次。这种方法是成本较低，但受天气影响，喷后24h遇雨必须重喷，这类产品有果瑞特、巨锋、红糖加敌百虫（30∶1的1 000倍液）等。性引诱剂主要是利用雌雄成虫交配产卵的习性，将性激素与黏合剂混配，将混合液均匀喷于塑胶板或纸板或饮料瓶上，在雌雄成虫交配前5~7d（大实蝇一般在6月上中旬）分10~15个点均匀悬挂于橘园内，悬挂于树冠的中上部。这种方法是成本较低，不受天气的影响，注意悬挂物干涸后再在上面喷性激素黏合剂液，确保防治效果。

（三）色引诱防治

在生物活动中，利用生物对色彩的趋性，将食物加化学农药或黏合剂均匀喷洒在色板上，来控制或减少有害生物对柑橘树的伤害的方法。其主要有黄板、蓝板等，其防治对象主要是成虫，悬挂时间主要是成虫产卵交配前；亩用 20~30 张均匀悬挂于橘园中，悬挂高度高于树冠 0.3~0.5m。注意事项是待色板干涸时补喷混合液体，确保色板诱粘效果。

三、柑橘病虫害农业防治

农业防治是指人们在病虫防治中采用农业综合措施，调整或改善柑橘生长的环境，增强柑橘对病虫的抵抗能力，或创造不利于病原生物等生长发育的环境或传播条件，或避开病原生物等生长发育传播的高峰期，以控制、避免或减轻病虫害。主要措施有选育抗病虫品种，调整品种布局，合理施肥、及时灌溉排水、合理修剪、园田翻耕、中耕除草及适宜的定植密度、安全运输等。

农业防治技术主要包括以下几个方面：

（1）园地的选择。建园选择在阳光充足、土层深厚、无渍水、土壤肥沃、酸碱适宜的岗地或平地。

（2）品种选择。品种选择首先是推广品种本身对病虫的抵抗能力，其次是品种与砧木的搭配。所选择的砧木品种一是要具有抗寒、抗旱能力强；二是要具有抗病虫能力；三是砧穗组合要优良。

（3）苗木选择。定植的苗木必须是无病毒苗，最理想的是采用容器苗。

（4）合理定植密度。蜜柑、橙类、椪柑、柚类等定植株行距都不一，一般山地、岗地可适当密于平地，总体要求是丰产柑橘园株间、行间留有余地，不交叉重叠。一般特早熟、早熟品种定植 40~50 株/亩、椪柑 50 株/亩、橙类 40~45 株/亩、柚类 25~30 株/亩。

（5）生草栽培。生草栽培是指在橘园内选择与柑橘无共生病虫、对柑橘害虫的天敌有益的草种进行人为栽种，改变橘园生态或保护橘园生态的一种农业生产措施。橘园内所选草种的原则是浅根系、高度一般不超过 0.5m、具有固氮或为害虫天敌提供养料、易清除的草种，一般有百喜草、藿香蓟、豆科植物。橘园种草一般选择在梯壁或梯面，可用撒播、条播、穴播方式。注意事项是一定要控制所种草种的高度，对柑橘正常生长有影响时，必须人为结合园田杂草清除时割除，用于橘园内树体覆盖，冬季抽槽施肥时作为有机肥一并施入。

（6）合理施肥。施肥以测土配方，有机肥为主，结合无机肥，辅助叶面喷肥。

（7）灌溉和排水。柑橘在生长中离不开水，但水分过量又会导致根系缺氧窒息死亡，根据柑橘生长需求，保持土壤的持水量，在土壤持水量过高时，要及时清沟排水，总体原则是橘园内杜绝明水。

（8）中耕除草。柑橘在生长中离不开土壤，土壤中的水、肥、氧气含量直接影响柑橘的正常生长。因此，中耕除草是必不可少的一个环节，中耕除草就是在柑橘的生长季节中人为耕除杂草、翻动土壤的过程，这有利于调节土壤中的水、肥及氧气的含量，促进柑橘的根系正常生长。园地翻耕一年原则上两次，一次在 6 月中下旬可与施肥相结合，第二次在 11 月下旬或 12 月上旬，两次深翻深度以 0.2m 为宜，第二次也可与抽槽换土施有机肥相结合。

四、柑橘病虫害生物防治

生物防治技术就是利用生物的取食性、寄生性、驱避性等特性，将对柑橘有害的生物数量控制在不伤害柑橘的范围的方法。生物防治的最大特点是不能消灭一个种群，但能维持一个相对的平衡状态。生物防治在柑橘生产上经常运用的有肉食性的捕食螨防红蜘蛛、真菌寄生在鳞翅目幼虫体上、印楝素等。

（一）生物源农药

将真菌孢子、病毒、昆虫信息素等制成农药，喷洒在害虫某一虫态上，致害虫不能存活或不能繁殖而达到防治病虫的目的，如 BT 乳剂、浏阳霉素等。防治的害虫主要有柑橘害螨、鳞翅目幼虫等。

（二）植物源农药

主要是从植物体中提取某一成分用来防治病虫。如杀虫剂有除虫菊素、鱼藤酮、烟碱等，主要用于防治潜叶蛾、蚜虫、柑橘粉虱等；拒避剂有印楝素、苦楝等，主要防治柑橘矢尖蚧、红蜡耕等。这种制剂最大的优点是对人、产品安全，使用方法简单。

（三）释放天敌

在柑橘生产中运用较为广泛的是在园中释放捕食螨，即"以螨治螨"，具体操作技术要点如下：

1. 释放前一个月内橘园栽种霍香蓟，按 20~30 株霍香蓟/亩，霍香蓟栽于梯田或梯壁，主要作为捕食螨的食料补充。

2. 在释放前 20d 内清园，清园一是对害螨数量的控制（百叶害螨卵量少于 200 头）；二是对园内其他害虫如粉虱、蚧类、蚊虫等的清理。

3. 释放前园田内杂草清理或种植百喜草等，保持园内草的高度不高于 0.3m，若田内无草则人为栽种，改善橘园内生态，增加园内湿度，害螨喜干燥环境。

4. 释放方法。一是释放时间以 5 月中下旬为宜；二是园田释放将购买的捕食螨用袋装运回后，每株一袋，释放前将袋下方剪一个缺口，口向下，缺口紧贴树干，袋的上方用图钉固定在树干上，避免太阳直射，放置部位以树冠中部为宜。在释放后两月内禁止使用化学农药。园内释放捕食螨方法简单可行，对人、产品安全可靠，但必须避免使用化学农药，方法不当易造成橘园烟煤病、粉虱、蚧类爆发，因此，在释放前园田清理是关键，适当使用化学挑治是保障。

五、柑橘主要病害防治

（一）病毒及细菌性病害

1. 柑橘裂皮病

（1）病害症状

柑橘裂皮病是由柑橘裂皮病类病毒引起的重要柑橘病害之一。裂皮病可侵染柑橘类植物的许多种和品种，病状反应有很大差异。其中，大多数砧木品种如酸橘、红橘、甜橙、酸橙、粗柠檬等均无可见病状。以枳、枳橙和黎檬做砧的柑橘植株则病状明显，受害严重。带病苗木在苗期无病状表现，田间植株出现树皮开裂所需的时间一般是在定植后 4~8 年。

受害植株砧木部树皮纵向开裂，部分树皮剥落，植株矮化，新梢少，开花多，着果少，后部分枝梢枯死。

病毒病原：病原为一种类病毒，它没有蛋白质衣壳，是游离的低分子核酸，并具有高度的稳定性，把类病毒汁液放在 110℃ 下保持 10~15min，仍不丧失侵染力，受病汁液污染的嫁接刀或修枝剪上也能保持几个月的感染性。

（2）发病规律

裂皮病病株和隐症带毒植株是该病害的侵染源。此病除通过苗木和接穗的调运传播外，受病原污染的工具和手等与健株韧皮部接触也可传播。

发病条件：寄主的感病性是决定裂皮病发生的主要因素，枳、枳橙、兰普来檬和一些其他柠檬，以及某些香橼感病后表现出明显的病状；甜橙、宽皮柑橘和柚等感病后不显病状，成为隐症带毒植株。用酸橙、酸橘、红橘和枸头橙做砧木的比较抗病。

指示植物：裂皮病在某些植物上症状表现比较快速，可作为鉴定的指示植物，如在兰普来檬和香橼的叶片上 3~6 个月即表现症状。前者新梢出现长形黄斑，树皮纵向开裂，后者叶片向后弯曲，在叶背面叶中脉木栓化坏死开裂。在矮牵牛、爪哇三七和土三七上 6

~8 周即表现症状，病状为中脉坏死和开裂，叶片直立和卷缩，同时生长受抑制。

（3）防治方法

①培育无病苗木。母树用伊特洛格香橼亚利桑那 861 品系做指示植物进行鉴定，证明无病者方可采穗繁殖，亦可通过茎尖嫁接方法脱毒培育无毒植株。

②消毒。嫁接刀或修枝剪等工具，可用 1%次氯酸钠液或 10%漂白粉水溶液 10 倍液消毒，将工具浸入消毒液或用布蘸后擦洗刀刃部 1~2s，再用清水冲洗擦干使用。

③实行植物检疫，防止扩散。

2. 温州蜜柑萎缩病

（1）症状

病株春梢新芽黄化，新叶变小皱缩，叶片两侧明显向叶背面反卷成船形或匙形，全株矮化，枝叶丛生。严重时开花多结果少，果实小而畸形，蒂部果皮变厚。需要注意的是，船形叶或匙形叶并非此病所特有，准确的诊断应通过草本指示植物（常用的有白芝麻、黑眼豆等）接种和血清学（常用的有 ELISA 法）鉴定来判定。

（2）传播途径和发病条件

此病主要通过嫁接和汁液传播，远距离传播主要通过带病的接穗和苗木的运输。

（3）防治方法

①从无病的母本树上采穗。将带毒母树置于白天 40℃、夜间 30℃（各 12h）的高温环境热处理 42~49d 后采穗嫁接，或用上述温度热处理 7d 后取其嫩芽做茎尖嫁接可脱除该病毒。

②及时砍伐重症的中心病株，并加强肥水管理，增强轻病株的树势。

③病园更新时进行深耕。此病主要为害温州蜜柑，也可为害脐橙、伊予柑、夏柑和西米诺尔橘柚等，还可侵染豆科、匣科、芝麻科、苋科、菊科、葫芦科的 34 种草本植物，但多数寄主为隐症带毒者。

3. 溃疡病

（1）症状

主要为害叶片、果实和枝梢。叶片染病，初在叶背产生黄色或暗黄绿色油渍状小斑点，后叶面隆起，呈米黄色海绵状物。后隆起部破碎呈木栓状或病部凹陷，形成褶皱。后期病斑淡褐色，中央灰白色，并在病健部交界处形成一圈褐色釉光。凹陷部常破裂呈放射状。果实染病，与叶片上症状相似。病斑只限于在果皮上，发生严重时会引起早期落果。枝梢染病，初生圆形水渍状小点，暗绿色，后扩大灰褐色，木栓化，形成大而深的裂口，最后数个病斑融合形成黄褐色不规则形大斑，边缘明显。

病原：属黄单胞杆菌属细菌。

（2）发病规律

病菌在病叶、病枝或病果内越冬，翌春遇水从病部溢出，通过雨水、昆虫、苗木、接穗和果实进行传播，从寄主气孔、皮孔或伤口侵入。病菌有潜伏侵染性，有的柑橘外观健康却有病菌侵染，有的柑橘秋梢受侵染，冬季不显症状，春季才显症状。从3月下旬至12月病害均可发生，一年可发生3个高峰期。春梢发病高峰期在5月上旬，夏梢发病高峰期在6月下旬，秋梢发病高峰期在9月下旬，其中以6—7月夏梢和晚夏梢受害最重。气温在25~30℃条件下，雨量越多，病害越重。暴风雨和台风过后，易发病。潜叶蛾、恶性食叶害虫、凤蝶等幼虫及台风不仅是病害的传病媒介，而且其造成的伤口，有利于病菌侵染，加重病害的发生。栽培管理不当，如氮肥过多，品种混栽，夏梢控制不当，有利发病。

（3）防治技术

①加强栽培管理

不偏施氮肥，增施钾肥；控制橘园肥水，保证夏、秋梢抽发整齐。结合冬季清园，彻底清除树上与树下的残枝、残果或落地枝叶，集中烧毁或深埋。控制夏梢，抹除早秋梢，适时放梢。及时防治害虫。培育无病苗木，在无病区设置苗圃，所用苗木、接穗进行消毒，可用72%农用链霉素可溶性粉剂1 000倍液加20%氟硅唑·咪鲜胺浸30~60min，或用0.3%硫酸亚铁浸泡10min。冬季清园时或春季萌芽前喷石硫合剂50~70倍液。

春季开花前及落花后的10d、30d、50d，夏、秋梢期在嫩梢展叶和叶片转绿时，各喷药1次。

②果园管理

a. 加强检疫，选用无毒的繁殖材料，严禁带病砧木、接穗和果实进入无病区。

b. 铲除并销毁病枝、病叶和病果。在发生溃疡病较普遍的果园，台风或暴风雨后使用铜制剂全面喷洒防治。

c. 加强田间栽培管理，不偏施氮肥，增施钾肥。

d. 做好潜叶蛾、凤蝶幼虫的防治，预防溃疡病病菌从潜叶蛾、凤蝶幼虫取食造成的伤口侵入植物组织，引发该病。

（二）真菌性病害

1. 疮痂病

（1）病害症状

此病主要为害新梢幼果，也可为害花萼和花瓣。

①叶片

初期产生水渍状黄褐色圆形小斑点，逐渐扩大，颜色变为蜡黄色，后病斑木质化而凸起，多向叶背面突出而叶面凹陷，叶背面部位突起呈圆锥形的疮痂，似牛角或漏斗状，表面粗糙。新梢叶片受害严重的早期脱落。天气潮湿时病斑顶部有一层灰色霉状物。有时很多病斑集合在一起，使叶片畸形扭曲。

②新梢

受害症状与叶片基本相同，但突出部位不如叶片明显，枝梢变短而小、扭曲。

③花瓣

受害很快脱落。

④幼果

在谢花后不久即可发病，受害的幼果，初生褐色小斑，后扩大在果皮上形成黄褐色圆锥形，木质化的瘤状突起。严重受害的幼果，病斑密布，引起早期落果。受害较轻的幼果，多数发育不良，表面粗糙，果小、味酸、皮厚，或成为畸形果。空气湿度大时，病斑表面能长出粉红色的分生孢子盘。

⑤病原特征

病原为半知菌亚门痂囊菌属真菌类的柑橘痂圆孢，其无性阶段称为柑橘痂圆孢菌，有性阶段在我国尚未发现。

（2）传播途径

疮痂病菌以菌丝体在患病组织内越冬。翌年春季，当气温回升到15℃以上，并为阴雨高湿的天气时，老病斑上即可产生分生孢子，并借助水滴和风力传播到幼嫩组织上，萌发后侵入。潜育期10d左右。新病斑上又产生分生孢子进行再次侵染。

发病条件：不同柑橘类型和品种的抗病性差异很大，一般宽皮柑橘和柠檬类比较容易感病，杂柑和柚类次之，甜橙类则很抗病。在我国栽培的柑橘品种中，最易感病的有温州蜜柑、早橘、本地早、南丰蜜橘、福橘、乳橘、柠檬、天草等；其次是椪柑、蕉柑、枸头橙、小红橙等；比较抗病的有柚类、梗橘和大多数杂柑类品种；甜橙类品种在我国表现高度抗病。但在阿根廷、美国等地已发现另一种疮痂病菌和新的生物型，可使甜橙类品种严重发病。

疮痂病菌只侵染感病品种的幼嫩组织，初抽出来的新梢幼叶尚未展开前及刚落花后的幼果最易感病，随着组织的老熟，感病性也随之下降。

温度和湿度对疮痂病的发生流行都有决定性的影响。发病的温度范围为15～30℃，最适为20～28℃。在浙江等橘区，疮痂病以对幼果的为害最重，春梢的发病情况在不同年份间有很大差异。温度偏低是限制春梢发病程度的关键因素。

（3）防治方法

药剂喷洒，以防治幼果疮痂病为重点，于花谢2/3时喷药，发病条件特别有利时可在半个月后再喷一次。春芽期（芽长2mm）最好根据预报来决定是否用药。有效的药剂品种有波尔多液（硫酸铜0.5~1kg，石灰0.5~1kg，水100kg）、55%硫菌霉威可湿性粉剂1 000~1 200倍液、50%多霉清可湿性粉剂800~1 000倍液、80%大生M-45可湿性粉剂600倍液、30%二元酸铜可湿性粉剂400~500倍液。

田间管理：

①剪除病梢病叶

冬季和早春结合修剪，剪除病枝病叶，春梢发病后也及时剪除病梢。

②实施检疫

新开柑橘园要采用无病苗木，防止病菌带入。另外，也要防止国外新的疮痂病菌种类和生物型传入国内。

注意事项：此病在发病初期易与柑橘溃疡病相混淆，这两种病害在叶片上的症状，主要区别是溃疡病病斑表里穿破，呈现于叶的两面，病斑较圆，中间稍凹陷，边缘显著隆起，外圈有黄色晕环，中间呈火山、口状裂开，病叶不变形。疮痂病病斑仅呈现于叶的一面，一面凹陷，一面突起，叶片表里不穿破。病斑外围无黄色晕环，病叶常变畸形。

2. 炭疽病

病害症状：常引起大量落叶、落果、枝梢枯死和树皮爆裂，严重时可致整株死亡。在果实贮藏运输期间，还会引起大量腐烂。炭疽病可发生于柑橘树地上部的各个部位。叶片症状：叶上病斑多出现于叶缘或叶尖，呈圆形或不规则形，浅灰褐色，边缘褐色，病变部分界清晰。病斑上有同心轮纹排列的黑色小点。在不正常的气候条件下和栽培管理不当时，叶部有时发生急性型病斑。一般从叶尖开始并迅速向下扩展，初如开水烫伤状，淡青色或暗褐色，呈深浅交替的波纹状，边缘界线模糊，病斑正背两面产生众多的散乱排列的肉红色黏质小点，后期颜色变深暗，病叶易脱落。枝梢症状：多自叶柄基部的腋芽处开始，病斑初为淡褐色，椭圆形；后扩大为梭形，灰白色，病健交界处有褐色边缘，其上有黑色小粒点。病部环绕枝梢一周后，病梢即自上而下枯死。嫩梢有时会出现急性型症状，常自梢端3~10cm处突然发病，状如开水烫伤，呈暗绿色，水渍状，3~5d后凋萎变黑，上有朱红色小粒点。花朵症状：雌蕊柱头被侵染后，常出现褐色腐烂而落花。果实症状：幼果发病，初期为暗绿色不规则病斑，病部凹陷，其上有白色霉状物或朱红色小液点，后扩大至全果，成为变黑僵果挂在枝梢上。大果受害，有干疤型、泪痕型和软腐型三种症状。干疤型以在果腰部较多，圆形或近圆形，黄褐色或褐色，微下陷，呈革质状，发病组织不深入果皮下；泪痕型是在果皮表面有一条条如眼泪一样的，由许多红褐色小凸点组成的病斑；软腐型在贮藏期发生，一般从果蒂部开始，初期为淡褐色，以后变为褐色而腐烂。果梗症状：果梗受害，初期褪绿，呈淡黄色，其后变为褐色，干枯，果实随即脱落，也有的病果成僵果挂在树上。苗木症状：常从嫩梢顶端第一、二叶开始发生烫伤状症状，以后逐渐向下蔓延，严重时整个嫩梢枯死。有时也会从嫁接口处开始发病，病斑深褐色，其上散生小黑点。

发病规律：病菌以菌丝体和分生孢子在病组织中越冬。分生孢子借风雨和昆虫传播。分生孢子在适宜的环境条件下萌发产生芽管，从气孔、伤口或直接穿透表皮侵入寄主组织。炭疽病菌是一种弱寄生菌，健康组织一般不会发病。但发生严重冻害，或早春低温潮湿，夏秋季高温多雨等，或由于耕作、移栽、长期积水、施肥过多等造成根系损伤；或肥力不足、干旱、虫害严重、农药药害、空气污染等造成树体衰弱；或由于偏施氮肥使植株大量抽发新梢和徒长枝，均能助长病害发生。品种间以甜橙、椪柑、温州蜜柑和柠檬发病较重。

防治方法：应采取加强栽培管理，增强树势，提高抗病力为主的综合治理措施。

（1）改善果园管理

做好肥水管理和防虫、防冻、防日灼等工作，并避免造成树体机械损伤，保持健壮的树势。剪除病虫枝和徒长枝，清除地面落叶，集中烧毁。

（2）喷药保护

树势衰弱的橘园，或由于各种原因，树体受到损伤时，应及时喷药保护。一般有急性型病斑出现时，更应立即进行防治。

（三）非侵染性病害

1. 油斑病

（1）症状

柑橘油斑病是一种生理性病害，一般发生在接近成熟的果实或采后贮运期的果实。初期果皮上出现形状不规则的淡黄色或淡绿色病斑，病、健交界处明显。病斑内油胞显著突出，油胞间的组织凹陷，后变为黄褐色，油胞萎缩。

（2）病原

①自然条件下，霜降后果实采收以前，由于日温差大和雾水重，大风大雨天气。

②果实采收储运中造成的机械伤，如刺伤、风伤，采摘时相互碰撞。

③柑橘防腐保鲜时使用2,4-D浓度过高，或果实生长后期使用过松脂合剂或石硫合剂

等农药。

④储藏库中不适宜的温度湿度等。

⑤果皮结构细密脆嫩的品种（如胡柚）。

2. 裂果病

（1）病原

①天气因素

天气变化急剧。果实膨大高峰期，果实内含物的积累需要吸收大量水分和养分。天气时晴时雨，使土壤含水量时盈时缺，使果肉的含水量起伏变化，当果肉吸水膨大超过了果皮所能承受的极限时，果皮就会开裂。

日灼伤害。由于挂果过多，果树枝梢少，在高温强日照下，果实易受日灼伤而裂果。

②果实发育不良

果实前期发育不良。由于前期施肥少或挂果过多，使小果发育所需要的养分不足，果皮细胞分裂数目少，造成果皮在果实膨大期果肉不断扩张时变得更薄，易破裂。

果皮韧性低。由于供给果树的钙和硼等养分不足，增强果皮细胞的果胶钙不足，果皮韧性降低，抗膨压能力低而易破裂。

施肥措施不当。在果实膨大高峰期，一次性施入速效肥过多，果实在短期内吸收肥水太多引起果肉迅速膨大，而致果皮大量开裂。

果园耕作不当。有的果园采用清耕法，减弱了果园对天气变化的缓冲作用，以致在天气变化较大的夏秋两季出现大量裂果。

病虫害防治不好。有的果园对为害柑橘的红蜘蛛、锈蜘蛛和溃疡病防治不力，使果皮受上述病虫为害而失水和受伤，降低了韧性，加重了裂果。针对由果实发育不良引起裂果的这一原因，应及时抹夏梢和疏果，以便有足够的营养供给留树果实正常发育，减少裂果。

（2）防治方法

①覆盖树盘：用稻草、杂草等物覆盖树盘，可提高土壤对雨水的渗透吸附和保蓄能力，降低地表温度，阻碍并减少土壤水分蒸发散失，提高土壤含水量。据测定，覆盖下的土壤蓄水量比未覆盖的土壤多45~70mm，水分蒸发量减少21%~63%，从而提高了柑橘抗御干旱的能力。

②及时灌溉：秋旱时柑橘园要及时引水灌溉，无灌溉条件的也要挑水浇地。在每株树的树冠内侧挖1~2个小穴，将水慢慢灌入穴内，然后覆盖稻草降温保湿，不要随地面浇水，因地面浇水容易蒸发。久晴后不要猛灌。

③喷洒肥水：用 2% 的过磷酸钙浸出液（先用 10 倍水将过磷酸钙浸泡 24h 以上，然后过滤使用），或用 0.3% 尿素溶液加 3% 的草木灰浸出液，每 7~10d 喷 1 次，一直喷到接近采摘时止。

④摘除裂果：发现裂果，应及时摘除，以防止病菌侵袭寄生。

⑤喷施石硫合剂：为了减少病菌从果顶端侵入，结合防治锈壁虱与红蜘蛛，在树冠上喷施波美 0.3~0.4 度的石硫合剂 1~2 次，早晨或傍晚进行，不要在高温烈日下进行。

3. 缺锰病

（1）症状

①幼叶上表现明显症状，病叶变为黄绿色，主、侧脉及附近叶肉绿色至深绿色。

②轻度缺锰的叶片在成长后可恢复正常，严重或继续缺锰时侧脉间黄化部分逐渐扩大，最后仅上脉及部分侧脉保持绿色，病叶变薄。

（2）病原

①碱性土壤中锰易成为不溶解状态，代换性和有效态锰含量少，易发生缺锰症。碱性土壤中铁和锌的有效性亦低，因此，常伴随发生缺铁和缺锌症。

②有机质多的酸性土壤中，代换性或有效态锰含量虽高，但锰易流失，易发生缺锰症。在强酸性砂质土壤中，锌、铜、镁等也易流失，常伴随发生缺锌、缺铜和缺镁症。

③过多施用氮肥或土壤中铜、锌、硼过多，影响锰的吸收利用，诱发缺锰症。

④冷湿土壤中锰易变为无效态，而在温度较高、土壤较干旱情况下则锰易变为有效态，使还原态锰增加，形成锰过剩。

（3）防治方法

加强肥水管理：多施堆制厩肥或沤制绿肥。排水不良的橘园在雨季开沟排水，降低地下水位。

4. 缺锌病

（1）症状

新梢上的叶片侧脉及其附近的叶肉为绿色，其余部分呈黄绿色或黄色。老叶的主侧脉处具有不规则的绿色带，其余部分则呈淡绿色、淡黄色或橙黄色。叶片变小、变窄和失绿。严重缺锌时，长出的顶枝极纤弱，叶片显著直立、窄小，植株呈直立矮丛状，随后小枝干枯死亡。

（2）病原

是一种生理病害，由于缺少正常生长所需的锌量而引起的。发生规律：在砂质土壤中含锌盐少，且易流失，在碱性土壤中锌盐常易转化为难溶解状态，不易被植物吸收，或在砂地及瘠薄的山地和土壤冲刷较严重的果园，或在极酸性土壤中，都易发生缺锌症。土壤中缺铜和镁，常使根部腐烂，影响根对土壤里的锌的吸收，在偏酸性和富于有机质的土壤里缺锌现象很少，若大量施氮肥，使植株迅速生长，则新长的枝梢叶片也会表现缺锌症状。

（3）防治方法

应注意改良土壤，增施有机肥，注意水土保持，是防治缺锌病的根本办法。

叶面喷布硫酸锌溶液，既方便又经济。在春天柑橘新梢生长前喷布 0.4%~0.5% 硫酸锌溶液（加 1%~2% 石灰及 0.1% 黏着剂），可以有效地治疗缺锌病。对于微酸性（pH 6.0 左右）的土壤，施入少量硫酸锌也可以获得良好的防治效果，但对于碱性土则无效。若因缺镁、缺铜而诱致缺锌症，单施锌盐效果不大，必须同时施用含镁、铜和锌的化合物才能获得良好的疗效。

5. 缺硼病

（1）症状

成叶和老叶从叶脉开始黄化，终至全叶黄化，叶肉增厚，叶尖多向后卷曲；叶脉肿大，主、侧脉木栓化，严重时开裂。嫩叶产生不定形水渍状黄斑，扭曲畸形。有的在叶背主脉基部有水渍状黑点，易脱落。幼果皮上发生乳白色微突起小斑，严重时出现下陷黑斑，中果皮和果心充塞胶质；常引起幼果大量脱落。残留的果实小、坚硬、果皮厚、表面有瘤，果汁少，种子败育，中果皮和果心充胶。橘园严重缺硼时，叶片大量早落，枝条枯死，有时整株干枯。

（2）发病规律

由于淋溶作用，土壤中的可溶性硼（水溶性硼和酸溶性硼）严重丧失导致缺硼。一般是沙土比黏土、酸性土比碱性土的损失重。过多地施用氮、磷、钙肥，或土壤中含钙过多，均易引起缺硼病。高温干旱季节和降雨过多，均会降低根系对硼素的吸收能力；特别是在多雨季节过后，接着干旱，常会突然引起缺硼病。

（3）防治方法

①施用硼肥。将硼肥混入人粪尿中，在树冠下挖沟施入，盖上部分有机肥再覆上土。成年树每次施用硼肥 0.1~0.15kg，年轻树可酌量减少。一般 2~3 年施用一次。

②根外喷硼。一般在早春和盛花期各喷用硼肥（硼酸或硼砂液）一次，可有效地防治缺硼病。早春喷用 0.5%~0.8% 的浓度，其后用 0.3%~0.4% 的浓度，但在夏秋季节应改用 0.2%~0.3% 的浓度。为了防止药害，可加入 0.5% 左右的生石灰。喷用时应选阴天，或在晴天早晚温度较低、湿度较大时进行。

③避免过多施用氮磷钙肥。特别是有机质含量低的土壤，更应充分注意不可过多用氮、磷、钙肥，应当施用堆厩肥，或含硼较高的农家肥及绿肥。在酸性土中，也不宜过多施用石灰。

6. 缺镁病

（1）症状

叶肉黄化、叶脉绿色；老叶沿主、侧脉两侧渐次黄化，扩大到全叶为黄色，仅主脉及其部组织仍保持绿色。

（2）病原

①橘园土壤属丘陵红壤，pH4.4，酸性较强，从而增加了镁的淋溶损失。

②土壤含钾量过高，据测定，老叶叶片含钾量高达2.03%，钾过多对镁的拮抗作用，引起缺镁。

（3）防治方法

在缺镁的果园中，在改良土壤，增施有机肥料的基础上适当地施用镁盐，可以有效地防治缺镁病。

①土施

在酸性土壤（pH 6.0以下）中，为了中和土壤酸度应施用石灰镁（每株果树施0.75～1kg），在微酸性至碱性土壤的地区，应施用硫酸镁，这些镁盐可混合在堆肥中施用。土壤中钾及钙的有效浓度很高会抑制植株对镁的吸收能力，镁肥的施用量必须增加。此外，要增施有机质，在酸性土中还要适当多施石灰。

②根外喷施

一般在6—7月喷施2%～3%硫酸镁2～3次，可恢复树势，对于轻度缺镁，叶面喷施见效快。

7. 缺铁病

症状：缺铁时影响叶绿素的形成，幼叶呈现失绿现象，在叶色很淡的叶片上呈现叶脉为绿色网纹状，严重时幼叶及老叶均变成白色，只有中脉保持淡绿色，在叶上出现坏死的褐色斑点，容易脱落。常在碱性紫色土或石灰岩风化的新土柑橘园中出现，黄化的树冠外缘向阳部位的新梢叶最为严重，春梢发病多，秋梢与晚秋梢发病较严重。酸性红壤土中比较少见。

防治方法：在新梢生长期，每半个月喷1次0.1%～0.2%的硫酸亚铁或柠檬酸铁，或将硫酸亚铁与有机肥混合施用。

8. 缺氮病

（1）症状

柑橘生长初期缺氮时，表现为新梢纤细，叶少、小而薄，呈淡绿色至黄色，提早脱落，落花落果明显增加。氮的供应由正常转入缺乏时，往往是下部老叶先发生不同程度的黄化，部分绿叶表现出不规则的黄绿交织的杂斑，后全叶发黄脱落。长期严重缺氮时，植株矮小，新梢少而纤弱，叶均匀黄化，小枝从上至下枯死，开花结果少而小，甚至不结果。

（2）发病原因

①砂质土保肥能力差，雨水多时氮素流失严重。

②柑橘生长量大，结果多时，氮的消耗很大，树体养分贮藏不足，没有及时补充足够的氮肥。

③施用未腐熟的有机肥，或有机质少的土壤一次施用过多的有机肥。

④施用过多的磷肥，或酸性土壤中施用过多的石灰。

（3）防治方法

①出现缺氮症状时叶面喷洒 0.3%～0.5% 的尿素，每隔 5～7d1 次，连续 2～3 次；或土壤补施速效性氮肥。

②根据树体需肥规律合理施肥，增施有机肥；加强土壤管理，防止水土流失。

9. 缺磷病

（1）症状

通常在花芽和果实形成期开始发生，其症状表现为枝条细弱，叶片失去光泽，呈青铜绿色、叶稀少，叶片氮、钾含量高，果面粗糙，果皮变厚，果实空心，酸味浓烈，果汁也少。

（2）防治方法

因磷在土壤中易被固定，尤其南方酸性红黄壤。所以，柑橘园缺磷时，可在春季将磷肥与有机肥混合深施，增大根系吸收接触面。磷肥施于表土，效果极微，甚至无效，施于 20～60cm 的根际土层，效果明显提高。另外，在土壤酸性强的果园，选用磷肥时，要选用钙镁磷肥，尽量不用过磷酸钙，避免加剧土壤酸化造成其他微量元素流失。或叶面喷施 0.5%～1% 过磷酸钙浸出液（浸泡 24h 后过滤喷施），7～10d1 次，喷 2～3 次即可见效。

10. 缺钾病

（1）症状

柑橘缺钾的症状变化较大。一般是老叶的叶尖及叶缘部位首先开始黄化，随缺钾程度的加重，黄化区域向下部扩展，叶片卷缩，畸形，新梢短小细弱。果实小，果皮薄而光滑，易落果和裂果。抗旱、抗病等抗逆能力降低。严重缺钾时，落叶、落果和枯梢大量发生。

（2）发病原因

①砂质土、红壤和冲积土等本身钾的含量较低。

②钾是易于流失的营养元素，特别是砂质土壤或有机质含量低的土壤流失尤其严重。钾的流失导致土壤中代换性钾含量不足和全钾量低。

③成年柑橘园，每年果实采收时要带走较多数量的钾，如长期不施钾肥，会导致土壤中钾的含量不足。

④滨海盐渍土等含钙、镁量高的土壤，由于钙和镁的拮抗作用，使钾的有效性降低。

⑤缺水不仅使土壤中钾的有效性降低，还增加了对钾的需要量。

（3）防治方法

①叶面喷洒 0.4% 硝酸钾或 0.5% 氯化钾溶液，视缺钾程度决定喷洒次数。

②每年土施一定量的硫酸钾等钾肥或草木灰等富含钾的农家肥料。氯化钾用量大时，氯对柑橘树有毒害作用，成年大树 1 株每次用量不宜超过 0.25kg，初结果树不宜超过 0.1kg。

③干旱时及时灌溉。

六、柑橘主要虫害防治

（一）红蜘蛛

1. 分布和为害症状

红蜘蛛又叫橘全爪螨，属叶螨科。我国柑橘产区均有发生，它除为害柑橘外，还为害梨、桃和桑等经济树种。主要吸收食叶片、嫩梢、花蕾和果实汁液，尤以嫩叶为害为重。叶片受害初期为淡绿色，后出现灰白色斑点，严重时叶片呈现灰白色而失去光泽，叶背面布满灰尘状蜕皮壳，并引起落叶。幼果受害，果面出现淡绿色斑点，成熟果实受害，果面出现淡黄色斑点，果蒂受害导致大量落果。

2. 形态特征

雌成螨长椭圆形，长 0.3~0.4mm，红色至暗红色，体背和体侧有瘤状突起。雄成螨体略小而狭长。卵近圆球形，初为橘黄色，后为淡红色，中央有一丝状卵柄，上有 10~12 条放射状丝。幼螨近圆形，有足 3 对。若螨似成螨，有足 4 对。

3. 生活习性

红蜘蛛 1 年发生 12~20 代，田间世代重叠。冬季多以成螨和卵存在于枝叶上，在多数柑橘产区无明显越冬阶段。当气温 12℃时，虫口渐增，20℃时盛发，20~30℃的气温和 60%~70%的空气相对湿度，是红蜘蛛发育和繁殖的最适条件。红蜘蛛有趋嫩性、趋光性和迁移性。叶面和叶背虫口均多。在土壤瘠薄、向阳的山坡地，红蜘蛛发生早而重。

4. 防治措施

一是利用日本方头甲、草蛉、长须螨和钝绥螨等天敌防治。二是干旱时灌水，可减轻红蜘蛛为害。三是认真做好虫情测报。宜昌、重庆及气候相似的产区，花前 1~2 头/叶，花后和秋季 5~6 头/叶。福建及气候相似产区，春季 8~10 头/叶，秋季 10~20 头/叶时，进行防治，推荐使用 99%矿物油韩国 SK 绿颖 180 倍加 1.8%妙星阿维菌素 3 000 倍均匀周到喷雾，全年包括清园基本三次就可解决防治难的问题，其防效彻底而持效期长，果品符合绿色 AA 级。四是如使用化学药剂防治不得使用柑橘生产中禁用的药剂，可用的药剂每年最多使用 2 次，并注意安全间隔期。

(二) 四斑黄蜘蛛

1. 分布和为害症状

四斑黄蜘蛛，又名橘始叶螨，属叶螨科。在我国柑橘产区均有分布，主要为害叶片、嫩梢、花蕾和幼果也有受害。嫩叶受害后，在受害处背面出现微凹，正面凸起的黄色大斑，严重时叶片扭曲变形，甚至大量落叶。老叶受害处背面为黄褐大斑，叶面为淡黄色斑。

2. 形态特征

雌成螨椭圆形，长 0.35~0.42mm，足 4 对，体色随环境而异，有淡黄、橙黄和橘黄等色，体背面有 4 个多角形黑斑。雄成虫后端削尖，足较长。卵圆球形，其色初为淡黄，后渐变为橙黄、光滑。幼螨，初孵出现时淡黄色，近圆形，足 3 对。

3. 生活习性

1 年发生约 20 代。冬季多以成螨和卵存在于叶背，无明显越冬期，田间世代重叠。成螨3℃时开始活动，14~15℃时繁殖最快，20~25℃和低湿是其最适的发生条件。春芽萌发至开花前后是为害盛期。高温少雨时为害严重。四斑黄蜘蛛常在叶背主脉两侧聚集取食，聚居处常有蛛网覆盖，产卵于其中。喜在树冠内和中下部光线较暗的叶背取食。对大树为害较重。

4. 防治措施

一是认真做好测报。在花前螨、卵数达 1 头/叶，花后螨、卵数达 3 头/叶时进行防治。药剂同红蜘蛛用药相同。二是应重点防治受害重的大树，喷药要注意喷布树冠内部和叶背均匀喷雾。

（三）锈壁虱

1. 分布和为害症状

锈壁虱又名锈蜘蛛等，属瘿螨科。我国柑橘产区均有发生。为害叶片和果实，主要在叶片背面和果实表面吸食汁液。吸食时使油胞破坏，芳香油溢出，被空气氧化，导致叶背、果面变为黑褐色或铜绿色，严重时变小、变硬，大果受害后果皮变为黑褐色，韧而厚。果实有发酵味，品质下降。

2. 形态特征

成螨体长 0.1~0.2mm，体形似胡萝卜。初为淡黄色，后为橙黄色或肉红色，足 2 对，尾端有刚毛 1 对。卵扁圆形，淡黄色或白色，光滑透明。若螨似成螨，体较小。

3. 生活习性

1 年发生 18~24 代，以成螨在腋芽和卷叶内越冬。日均温度 10℃时停止活动，15℃时开始产卵，随春梢抽发迁至新梢取食。5—6 月蔓延至果上，7—9 月为害果实最甚。大雨可抑制其为害，9 月后，随气温下降，虫口减少。

4. 防治措施

一是认真测报。从 5 月起，经常检查，在叶上或果上 2~3 头/视野（10 倍放大镜的一个视野）。二是当年春梢叶背面出现被害状，果园中发现 1 个果出现被害状时开始防治。三是防治药剂推荐使用99%矿物油韩国SK绿颖180 倍加1.8%妙星阿维菌素3 000 倍均匀周到喷雾。首先是抓好 5 月底一道药的预防；其次是在 7 月底重点用药防治。

（四）矢尖蚧

1. 分布和为害症状

矢尖蚧又名尖头蚧壳虫，属盾蚧科。我国柑橘产区均有发生。以若虫和雌成虫取食叶片、果实和小枝汁液。叶片受害轻时，被害处出现黄色斑点或黄色大斑，受害严重时叶片扭曲变形，甚至枝叶枯死。果实受害后呈黄绿色，外观、内质变差。

2. 形态特征

雌成虫蚧壳长形稍弯曲，褐色或棕色，长约 3.5mm。

雌成虫体橙红色，长形。雄成虫体橙红色。卵椭圆形，橙黄色。

3. 生活习性

1 年发生 2~4 代，以雌成虫和少数 2 龄若虫越冬。当日平均气温 17℃以上时，越冬雌成虫开始产卵孵化，世代重叠，17℃以下停止产卵。雌虫蜕皮两次后成为成虫，不行孤雌生殖。温暖潮湿有利其发生。树冠郁闭的易发生且较重，大树较幼树发生重，雌虫分散取食，雄虫多聚在母体附近为害。

4. 防治措施

一是做好预报，及时施药。四川、重庆、湖北及气候相似产区的锦橙初花后 25~30d 为第一次防治时期。花后观察雄虫发育情况，发现绿色柑橘园中个别雄虫背面出现白色蜡状物之后 5d 内为第一次防治时期。药剂防治：在第一代整齐孵化盛期用 99%矿物油韩国 SK 绿颖 160 倍加 1.8%妙星阿维菌素 3 000 进行防治，发生相当严重的果园第二代 2 龄幼虫期再喷一次或者用 0.5%果圣 1 000~2 000 倍液防治；成虫期个别为害严重的柑橘园可用 99%矿物油韩国 SK 绿颖 100~150 倍加 48%速扑杀 1 000 倍挑治。二是保护天敌。如日本方头甲、整胸节瓢虫、湖北红点唇瓢虫、矢尖蚧蚜小蜂和花角蚜小蜂等，利用天敌防治矢尖蚧。

（五）糠片蚧

1. 分布和为害症状

糠片蚧又名灰点蚧，属盾蚧科。在我国柑橘产区均有发生。为害柑橘、苹果、梨、山茶等多种植物，枝、干、叶片和果实都能受害。叶片和果实的受害处出现淡绿色斑点，并能诱发煤烟病。

2. 形态特征

雌成虫蚧壳长 1.5~2mm，形态和色泽不固定，多为不规则椭圆形和卵圆形，灰褐或灰白色。雌成虫近圆形，淡紫色或紫红色。雄成虫淡紫色，腹部有针状交尾器。卵椭圆形，淡紫色。

3. 生活习性

1 年发生 3~4 代，以雌虫和卵越冬，少数有 2 龄若虫和蛹越冬。田间世代重叠，各代 1、2 龄若虫盛发于 4—6 月、6—7 月、7—9 月、10 月至来年 4 月，且以 7—9 月为甚。雌成虫能孤雌生殖。

4. 防治方法

一是保护天敌，如日本方头甲、草蛉、长缨盾蚧蚜小蜂和黄金蚜小蜂等，利用天敌防治糠片蚧；二是加强栽培管理，增强树体抗性；三是 1、2 龄若虫盛期是防治的关键时期，应当 15~20d 喷药 1 次，连喷两次，防治药剂与矢尖蚧相同。

（六）褐圆蚧

1. 分布和为害症状

褐圆蚧又名茶褐圆蚧，属盾蚧科。在我国柑橘产区均有发生。为害柑橘、梨、椰子和山茶等多种植物，主要吸食叶片和果实汁液，叶片和果实受害处均出现淡黄色斑点。

2. 形态特征

雌成虫蚧壳为圆形，较坚硬，紫褐或暗褐色。雌成虫杏仁形，淡黄或淡橙黄色。雄成虫蚧壳为椭圆形，成虫体淡黄色。卵长椭圆形，淡橙黄色。

3. 生活习性

褐圆蚧 1 年发生 5~6 代，多以雌成虫越冬，田间世代重叠。各代若虫盛发于 5—10 月，活动的最适温度为 26~28℃，不行孤雌生殖。雌虫多处在叶背，尤以边缘为最多，雄虫多处在叶面。

4. 防治措施

一是保护天敌。如日本方头甲、整胸节瓢虫、草蛉、黄金蚜小蜂、斑点蚜小蜂和双带巨角跳小蜂等，利用天敌防治褐圆蚧；二是在各代若虫盛发期喷药，应当 15~20d 喷一次，连喷两次，使用的防治药剂与矢尖蚧相同。

（七）黑点蚧

1. 分布和为害症状

黑点蚧又名黑点蚧壳，属盾蚧科。在我国柑橘产区均有发生。除为害柑橘外，还为害枣、椰子等。常群集在叶片、小枝和果实上取食。叶片受害处出现黄色斑点，严重时变黄，果实受害后外观差，成熟延迟，能诱发煤烟病。

2. 形态特征

雌成虫蚧壳长方形，漆黑色；雌成虫倒卵形，淡紫色。雄成虫蚧壳小而窄，长方形淡紫红色。

3. 生活习性

在中亚热带产区，黑点蚧1年发生3~4代，田间世代重叠，多以雌成虫和卵越冬。4月下旬1龄若虫在田间出现，7月中旬、9月中旬和10月中旬为其三次出现高峰。第一代为害叶片，第二代取食果实。其虫口数叶面较叶背多，阳面比阴面多，生长势弱的树受害重。

4. 防治方法

一是保护天敌。如整胸寡节瓢虫、湖北红点唇瓢虫、长缨盾蚧蚜小蜂、柑橘蚜小蜂和赤座霉等，利用天敌防治黑点蚧。二是加强栽培管理，增强树势，提高抗性。三是于若虫盛发期喷药防治，应当15~20d喷一次，连喷两次，防治药剂与矢尖蚧相同。

参考文献

［1］张奂，吴建军，范鹏飞. 农业栽培技术与病虫害防治［M］. 汕头：汕头大学出版社，2022.

［2］张彦玲，王欣，张伟锋. 乡村人才振兴培训系列教材北方果树栽培与病虫害防治实用技术［M］. 北京：中国农业科学技术出版社，2022.

［3］尚子焕，路明明，柳蕴芬等. 果树高质高效栽培与病虫害绿色防控［M］. 北京：中国农业科学技术出版社，2022.

［4］李好先，陈利娜. 现代软籽石榴优质高效栽培技术［M］. 北京：中国林业出版社，2022.

［5］武冲，冉昆，姜莉莉. 乡村振兴科技赋能系列丛书草莓高效栽培管理［M］. 北京：中国农业出版社，2022.

［6］李先明. 梨适地适栽与良种良法［M］. 武汉：武汉理工大学出版社，2022.

［7］刘利民，韩立新. 优质苹果标准化生产技术［M］. 郑州：中原农民出版社，2022.

［8］肖顺，张绍升，刘国坤. 作物小诊所南方果树病虫害速诊快治［M］. 福州：福建科学技术出版社，2021.

［9］赵杰，顾燕飞. 桃树栽培与病虫害防治［M］. 上海：上海科学技术出版社，2021.

［10］王焱. 经济果林病虫害防治手册［M］. 上海：上海科学技术出版社，2021.

［11］郭晓成，张迎军. 石榴高效栽培关键技术［M］. 西安：陕西科学技术出版社，2021.

［12］焦书升. 设施果蔬高效栽培［M］. 北京：中国农业科学技术出版社，2021.

［13］雷家军，薛莉. 有机草莓栽培实用技术第2版［M］. 北京：化学工业出版社，2021.

［14］刘振廷. 梨密植栽培模式及配套技术［M］. 北京：中国林业出版社，2021.

［15］杨国顺，成智涛. 落叶果树栽培技术［M］. 长沙：湖南科学技术出版社，2020.

［16］姚欢. 南方果树栽培与病虫害防治技术［M］. 北京：中国农业科学技术出版社，2020.

［17］刘慧纯. 果树栽培实用新技术［M］. 北京：化学工业出版社，2020.

[18] 张勇，王小阳. 果树病虫害绿色防控技术［M］. 北京：中国农业出版社，2020.

[19] 周常勇. 中国果树科学与实践柑橘［M］. 西安：陕西科学技术出版社，2020.

[20] 范永强. 现代桃树栽培［M］. 济南：山东科学技术出版社，2020.

[21] 李先信. 常绿果树栽培技术［M］. 长沙：湖南科学技术出版社，2019.

[22] 赵杰，赵宝明. 梨树栽培与病虫害防治［M］. 上海：上海科学技术出版社，2019.

[23] 吴洪凯. 核桃优质高效栽培与病虫害防治［M］. 北京：中国农业科学技术出版社，2019.

[24] 李军见，王富荣，王培. 北方草莓栽培原理与技术［M］. 西安：陕西科学技术出版社，2019.

[25] 闫道良，袁虎威，于华平等. 常见浆果新型栽培模式与管理［M］. 杭州：浙江大学出版社，2019.

[26] 王尚堃，黄浅，李政力. 红梨规模化优质丰产栽培技术［M］. 北京：科学技术文献出版社，2019.

[27] 赵维峰，魏长宾. 热区特色果树栽培［M］. 昆明：云南大学出版社，2018.

[28] 许天委，郝慧华. 热带园林植物病虫害防治［M］. 杭州：浙江大学出版社，2018.

[29] 贾小琴. 北方树木、花卉病虫害防治［M］. 阳光出版社，2018.

[30] 王少敏，李勃，董冉. 北方果树套袋栽培技术［M］. 济南：山东科学技术出版社，2018.

[31] 郭大龙. 设施果树栽培［M］. 北京：科学出版社，2018.

[32] 刘建军. 果树栽培技术［M］. 成都：电子科技大学出版社，2018.

[33] 郭俊英. 观光采摘园特色果树栽培与管理［M］. 北京：中国科学技术出版社，2018.

[34] 王金政，张安宁，王江勇. 果树设施栽培技术［M］. 济南：山东科学技术出版社，2018.

[35] 王慧珍. 现代果树优质高效栽培［M］. 北京：中国农业出版社，2018.

[36] 李茂富. 新兴热带果树栽培技术［M］. 北京：地质出版社，2018.